中等职业教育数字艺术类规划教材

边做边学

会声会影 X3

视频编辑

案例教程

■ 王世宏　陈娟　主　编

■ 闫宇　陈东生　副主编

人民邮电出版社
北　京

图书在版编目（ＣＩＰ）数据

边做边学：会声会影 X3视频编辑案例教程 / 王世
宏，陈娟主编. -- 北京：人民邮电出版社，2011.9
中等职业教育数字艺术类规划教材
ISBN 978-7-115-26096-3

Ⅰ. ①边… Ⅱ. ①王… ②陈… Ⅲ. ①图形软件，会
声会影X3-中等专业学校-教材 Ⅳ. ①TP391.41

中国版本图书馆CIP数据核字(2011)第192543号

内 容 提 要

本书全面、系统地介绍会声会影 X3 的基本操作方法、影片剪辑和合成制作技巧，内容包括会声会影 X3 入门知识、视频的捕获、影片的基础编辑、视频特效应用、视频转场的应用、应用画面覆叠功能、添加标题、添加音频及文件输出。

本书内容的介绍均以课堂实训案例为主线，通过案例的操作，学生可以快速熟悉案例的设计理念。书中的软件相关功能解析部分可以使学生深入学习软件功能，课堂实战演练和课后综合演练可以提高学生的实际应用能力。本书配套光盘中包含了书中所有案例的素材及效果文件，以利于教师授课，学生练习。

本书可作为中等职业学校数字艺术类专业"视频编辑"课程的教材，也可供相关人员学习参考。

中等职业教育数字艺术类规划教材

边做边学——会声会影 X3 视频编辑案例教程

◆ 主　编　王世宏　陈　娟

　副主编　闫　宇　陈东生

　责任编辑　王　平

◆ 人民邮电出版社出版发行　　北京市崇文区夕照寺街 14 号

　邮编　100061　电子邮件　315@ptpress.com.cn

　网址　http://www.ptpress.com.cn

三河市潮河印业有限公司印刷

◆ 开本：787×1092　1/16

　印张：14.75　　　　　　　　　2011 年 9 月第 1 版

　字数：383 千字　　　　　　　2011 年 9 月河北第 1 次印刷

ISBN 978-7-115-26096-3

定价：33.00 元（附光盘）

读者服务热线：(010)67170985　印装质量热线：(010)67129223
反盗版热线：(010)67171154
广告经营许可证：京崇工商广字第 0021 号

前　言

　　会声会影是由 Corel 公司开发的影片剪辑制作软件，它功能强大，易学易用，深受广大视频和 DV 爱好者的喜爱。会声会影软件已经成为个人及家庭影片制作软件中的核心力量，在影片剪辑和特效合成领域占据着重要的位置。目前，我国很多中等职业学校的数字艺术类专业都将会声会影作为一门重要的专业课程。为了帮助中等职业学校的教师全面、系统地讲授这门课程，使学生能够熟练地使用会声会影来进行影片剪辑的制作，我们几位长期在中等职业学校从事会声会影教学的教师与专业影视制作公司经验丰富的设计师合作，共同编写了本书。

　　根据中等职业学校的教学方向和教学特色，我们对本书的编写体系做了精心的设计。每章按照"课堂实训案例—软件相关功能—课堂实战演练—课后综合演练"这一思路进行编排，力求通过课堂实训案例演练，使学生快速熟悉影视后期设计理念和软件功能；通过软件相关功能解析使学生深入学习软件功能；通过课堂实战演练和课后综合演练提高学生的实际应用能力。

　　在内容编写方面，力求细致全面、重点突出；在文字叙述方面，注意言简意赅、通俗易懂；在案例选取方面，强调案例的针对性和实用性。

　　本书配套光盘中包含了书中所有案例的素材及效果文件。另外，为方便教师教学，本书配备了详尽的课堂实战演练和课后综合演练的操作步骤文稿、PPT 课件、教学大纲、商业实训案例文件等丰富的教学资源，任课教师可登录人民邮电出版社教学服务与资源网（www.ptpedu.com.cn）免费下载使用。本书的参考学时为 42 学时，各章的参考学时参见下面的学时分配表。

章　节	课 程 内 容	学 时 分 配
第 1 章	会声会影 X3 入门知识	2
第 2 章	视频的捕获	3
第 3 章	影片的基础编辑	5
第 4 章	视频特效应用	6
第 5 章	视频转场的应用	6
第 6 章	应用画面覆叠功能	7
第 7 章	添加标题	5
第 8 章	添加音频	4
第 9 章	文件输出	3
课 时 总 计		42

　　本书由王世宏、陈娟任主编，闫宇、陈东生任副主编，参与本书编写工作的还有周建国、吕娜、葛润平、周世宾、刘尧、周亚宁、张敏娜、孟庆岩、谢立群、黄小龙、高宏、尹国勤、崔桂青、张文达、张丽丽等。

　　由于时间仓促，加之编者水平有限，书中难免存在疏漏和不妥之处，敬请广大读者批评指正。

编　者

2011 年 9 月

目　　录

第1章　会声会影X3 入门知识

1.1　项目操作 1

1.1.1　【操作目的】 1

1.1.2　【操作步骤】 1

1.1.3　【相关工具】 2

　　1. 会声会影的操作模式 2

　　2. 新建项目 3

　　3. 保存项目 3

　　4. 打开项目 4

　　5. 关闭项目 4

　　6. 项目属性设置 5

　　7. 参数设置 5

1.2　操作界面 6

1.2.1　【操作目的】 6

1.2.2　【操作步骤】 6

1.2.3　【相关工具】 7

　　1. 操作界面 7

　　2. 步骤面板 9

　　3. 导览面板 9

　　4. 工具栏 9

　　5. 编辑视频的三种

　　　　视图模式 10

1.3　素材库 11

1.3.1　【操作目的】 11

1.3.2　【操作步骤】 11

1.3.3　【相关工具】 13

　　1. 素材库中的功能按钮 13

　　2. 素材排序 14

　　3. 素材管理器 14

第2章　视频的捕获

2.1　制作从 DV 中捕获

视频素材 15

2.1.1　【操作目的】 15

2.1.2　【操作步骤】 16

2.1.3　【相关工具】 17

　　1. 关闭不需要的程序 17

　　2. 设置保存路径 17

　　3. 捕获参数设置 18

　　4. 按照指定的时间长度

　　　　捕获视频 19

　　5. 从 DV 摄像机中

　　　　捕获视频 20

2.1.4　【实战演练】——

　　　　制作按指定时间捕获 25

2.2　制作从 DV 中捕获

静态图像 25

2.2.1　【操作目的】 25

2.2.2　【操作步骤】 26

2.2.3　【相关工具】 27

　　1. 捕获成其他视频格式 27

　　2. 成批转换视频素材 27

　　3. 设置捕获图像参数 29

　　4. 捕获静态图像 30

　　5. 场景分割 31

2.2.4　【实战演练】——制作捕获

　　　　成其他视频格式 32

2.3　综合演练——制作成批

转换 32

第3章　影片的基础编辑

3.1　制作照片摇动和缩放效果 33

3.1.1 【操作目的】.............33

3.1.2 【操作步骤】.............33

3.1.3 【相关工具】.............35

　　1. 添加视频素材.............35

　　2. 添加图像素材.............36

　　3. 添加色彩素材.............36

　　4. 添加 Flash 动画.............38

　　5. 设置照片素材的属性.............38

　　6. 视频素材的选项面板.............40

　　7. 图像素材的选项面板.............41

　　8. 色彩素材的选项面板.............41

　　9. 属性选项面板.............42

3.1.4 【实战演练】——制作添加

单色素材.............42

3.2 制作慢动作和快动作效果.....43

3.2.1 【操作目的】.............43

3.2.2 【操作步骤】.............43

3.2.3 【相关工具】.............45

　　1. 调整素材.............45

　　2. 修整素材.............48

　　3. 编辑素材.............55

3.2.4 【实战演练】——制作影片

倒放效果.............65

3.3 综合演练——制作按场景

分割素材.............66

3.4 综合演练——制作删除

视频多余的部分.............66

第4章　视频特效应用

4.1 制作镜头闪光效果.............67

4.1.1 【操作目的】.............67

4.1.2 【操作步骤】.............67

4.1.3 【相关工具】.............70

　　1. 添加视频滤镜.............70

　　2. 删除视频滤镜.............71

　　3. 替换视频滤镜.............71

　　4. 设置视频特效.............72

4.1.4 【实战演练】——制作草绘

效果.............75

4.2 制作色彩平衡效果.............75

4.2.1 【操作目的】.............75

4.2.2 【操作步骤】.............76

4.2.3 【相关工具】.............78

　　1. "亮度对比度"滤镜.............78

　　2. "色彩平衡"滤镜.............78

　　3. "气泡"滤镜.............79

　　4. "云彩"滤镜.............81

　　5. "马赛克"滤镜.............81

　　6. "老电影"滤镜.............82

4.2.4 【实战演练】——制作马赛克

效果.............84

4.3 综合演练——制作油画

效果.............84

4.4 综合演练——制作云雾

效果.............85

第5章　视频转场的应用

5.1 制作转场特效.............86

5.1.1 【操作目的】.............86

5.1.2 【操作步骤】.............86

5.1.3 【相关工具】.............87

　　1. 自定义转场.............87

　　2. 选择和添加转场.............88

　　3. 应用转场效果.............89

　　4. 修改转场的属性.............90

　　5. 替换和删除转场.............91

　　6. 调整转场的位置.............92

　　7. 设置转场的持续时间.............93

5.1.4 【实战演练】——制作替换

场景特效 94

→ **5.2 制作翻转相册特效 94**

　5.2.1 【操作目的】 94

　5.2.2 【操作步骤】 94

　　1. 添加视频素材 94

　　2. 添加相册转场 95

　5.2.3 【相关工具】 97

　　1. 收藏夹转场 97

　　2. 三维转场 97

　　3. 相册转场 99

　　4. 取代转场 99

　　5. 时钟转场 100

　　6. 过滤转场 101

　　7. 胶片转场 102

　　8. 闪光转场 103

　5.2.4 【实战演练】——制作闪光特效 . 103

→ **5.3 制作遮罩特效 103**

　5.3.1 【操作目的】 103

　5.3.2 【操作步骤】 104

　　1. 添加视频素材 104

　　2. 添加遮罩转场 104

　5.3.3 【相关工具】 105

　　1. 遮罩转场 105

　　2. "NewBlue 样品" 转场 106

　　3. "果皮" 转场 107

　　4. "推动" 转场 107

　　5. "卷动" 转场 107

　　6. "旋转" 转场 108

　　7. "滑动" 转场 108

　　8. "伸展" 转场 108

　　9. "擦拭" 转场 108

　5.3.4 【实战演练】——

　　　制作百叶窗特效 109

→ **5.4 综合演练——**

　　制作伸展特效 109

→ **5.5 综合演练——**

　　制作三维特效 110

第6章　应用画面覆叠功能

→ **6.1 制作覆叠素材变形效果 .. 111**

　6.1.1 【操作目的】 111

　6.1.2 【操作步骤】 111

　　1. 添加素材 111

　　2. 变形素材 112

　6.1.3 【相关工具】 113

　　1. "属性" 选项卡 113

　　2. 添加覆叠轨上的素材 114

　　3. 删除覆叠轨上的素材 114

　　4. 覆叠素材的变形与运动 ... 115

　6.1.4 【实战演练】——

　　　制作画中画效果 118

→ **6.2 制作画面叠加效果 118**

　6.2.1 【操作目的】 118

　6.2.2 【操作步骤】 118

　　1. 添加素材 118

　　2. 制作画面叠加效果 120

　6.2.3 【相关工具】 121

　　1. 添加装饰图案 121

　　2. 添加边框 122

　　3. Flash 透空覆叠 123

　6.2.4 【实战演练】——

　　　制作为影片添加漂亮边框 124

→ **6.3 制作抠像效果 124**

　6.3.1 【操作目的】 124

　6.3.2 【操作步骤】 125

　　1. 添加素材 125

　　2. 制作抠像效果 126

　6.3.3 【相关工具】 126

　　1. 色度键抠像功能 126

　　2. 遮罩帧功能 128

3. 多轨覆叠 129

4. 绘图创建器 130

6.3.4 【实战演练】——制作遮罩

效果 131

6.4 综合演练——制作多轨

覆叠动画 132

6.5 综合演练——制作为视频

添加 Flash 动画 132

第 7 章 添加标题

7.1 制作应用预设动画

标题 133

7.1.1 【操作目的】 133

7.1.2 【操作步骤】 134

7.1.3 【相关工具】 136

1. "编辑"选项卡 136

2. "属性"选项卡 138

3. 使用预设标题 138

7.1.4 【实战演练】——

制作为标题添加滤镜 140

7.2 制作为标题添加

边框和阴影 140

7.2.1 【操作目的】 140

7.2.2 【操作步骤】 140

7.2.3 【相关工具】 143

1. 为标题添加边框和阴影 ... 143

2. 设置标题背景 144

3. 旋转标题 146

4. 设置标题的显示位置 147

5. 应用预设文字特效 148

6. 调整标题的播放时间 148

7. 调整标题的播放位置 149

7.2.4 【实战演练】——

制作为标题添加背景 150

7.3 制作为影片添加字幕 150

7.3.1 【操作目的】 150

7.3.2 【操作步骤】 150

1. 为视频轨和覆叠轨

添加文件 150

2. 添加标题 152

7.3.3 【相关工具】 153

1. 单个标题的应用 153

2. 多个标题的应用 155

3. 单个标题和多个标题的

转换 156

7.3.4 【实战演练】——

制作单个标题字幕 156

7.4 制作淡入淡出的字幕 157

7.4.1 【操作目的】 157

7.4.2 【操作步骤】 157

1. 添加标题 157

2. 添加边框和阴影

并制作动画效果 159

7.4.3 【相关工具】 159

1. 应用预设动画标题 159

2. 向上滚动字幕 161

3. 淡入淡出字幕 163

4. 跑马灯字幕 164

5. 淡化字幕 165

6. 弹出字幕 167

7. 翻转字幕 168

8. 缩放字幕 170

9. 下降字幕 171

10. 摇摆字幕 173

11. 移动路径字幕 174

7.4.4 【实战演练】——制作弹出

字幕 175

7.5 综合演练——

制作移动路径字幕 175

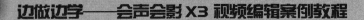

7.4 综合演练——
制作滚动字幕 176

第 8 章　添加音频

8.1 制作提取音频 177
8.1.1 【操作目的】 177
8.1.2 【操作步骤】 177
8.1.3 【相关工具】 179
1. "音乐和声音"选项卡 179
2. "自动音乐"选项卡 180
3. 录制声音 180
4. 从文件中添加声音 183
6. 转存 CD 音频 184
7. 将视频与音频分离 186
8.1.4 【实战演练】——
制作为影片添加声音 187

8.2 制作音频的淡入淡出效果 188
8.2.1 【操作目的】 188
8.2.2 【操作步骤】 188
8.2.3 【相关工具】 190
1. 修整音频素材 190
2. 混合音频 192
8.2.4 【实战演练】——
制作使用混音器调节音量 200

8.3 制作删除噪声效果 201
8.3.1 【操作目的】 201
8.3.2 【操作步骤】 201
8.3.3 【相关工具】应用音频滤镜 ... 203
8.3.4 【实战演练】——
制作音调偏移效果 205

8.4 综合演练——制作录制
音频效果 205

8.5 综合演练——设置音频
的回放速度 206

第 9 章　文件输出

9.1 制作 DVD 影片 207
9.1.1【操作目的】 207
9.1.2【操作步骤】 207
9.1.3【相关工具】 209
1. "分享"面板 209
2. 创建视频文件的
预览范围 211
3. 单独输出影片中的
声音素材 212
4. 自定义视频文件
输出模板 213
9.1.4【实战演练】——
制作单独输出视频中的音频 215

9.2 制作刻录光盘 216
9.2.1【操作目的】 216
9.2.2【操作步骤】 216
9.2.3【相关工具】 218
1. 刻录光盘 218
2. 将视频嵌入网页 222
3. 用电子邮件发送影片 223
4. 将视频设置为桌面
屏幕保护 225
5. 以实际大小回放项目 225
9.2.4【实战演练】——
制作将影片设为屏幕保护 226

9.3 综合演练——制作单独输
出项目中的视频 227

9.4 综合演练——制作可用手
机播放的影片 227

第1章 会声会影 X3 入门知识

本章主要介绍会声会影最主要的操作方式——编辑器。在编辑器中提供了更多的功能和素材，用户自由发挥余地更大。通过本章的学习，读者将对编辑器的功能模块、工作方式有一个细致的了解，还可学会应用编辑器进行项目操作。

 课堂学习目标 ——————————————

- 项目操作
- 操作界面
- 素材库

1.1 项目操作

1.1.1 【操作目的】

通过新建项目和保存项目掌握项目的基本操作。

1.1.2 【操作步骤】

步骤 1 启动会声会影，在启动面板中选择"高级编辑"模式，如图 1-1 所示，进入高级编辑模式操作界面。

图 1-1

边做边学——会声会影 X3 视频编辑案例教程

步骤 **2** 选择"文件 > 新建项目"命令，新建一个项目。选择"文件 > 将媒体文件插入到时间
轴 > 插入视频"命令，在弹出的"打开视频文件"对话框中选择光盘目录下"Ch01 > 素材 >
项目操作 > 01"文件，如图 1-2 所示。

图 1-2

步骤 **3** 单击"打开"按钮，选中的素材被插入到故事板中，效果如图 1-3 所示。

步骤 **4** 选择"文件 > 保存"命令，弹出"另存为"对话框，在"保存在"选项中设置项目所要
保存的路径，在"文件名"选项的文本框中输入文件的名称，如图 1-4 所示，单击"保存"按
钮，即可保存项目。

图 1-3

图 1-4

1.1.3 【相关工具】

1. 会声会影的操作模式

启动会声会影，出现如图 1-5 所示的提示框，可以根据需要选择任意一种操作模式。

高级编辑：在应用此模式编辑影片时，可以通过捕获、编辑、分享 3 个步骤完成影片制作，
在编辑影片时，又可以针对影片的效果、覆叠、标题和音频这 4 个方面进行设置，如图 1-6 所示。

2

图 1-5 图 1-6

简易编辑：在影片向导中编辑影片时，可以根据向导的提示，通过网络摄像头、导入视频、导入照片、导入相机/内存卡、从移动电话等方式快速完成影片的制作，如图1-7所示。

DV 转 DVD 向导：在此模式中可在不需要占用空硬盘空间的情况下，通过简单的步骤从 DV 带捕获视频并直接刻录成 DVD 光盘或保存到 DVD 文件夹中，如图1-8所示。

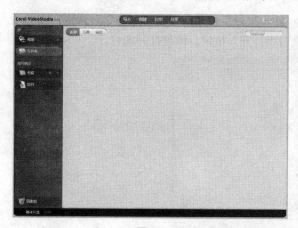
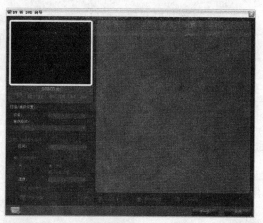

图 1-7 图 1-8

2. 新建项目

在运行会声会影编辑器时，程序会自动建立一个新的项目文件，如果是第一次使用会声会影编辑器，新项目将使用会声会影的初始默认设置，否则，新项目将使用上次使用的项目设置。

还可以在编辑当前项目的同时新建项目文件。选择"文件 > 新建项目"命令，即可新建一个项目。

提 示　　项目文件本身并不是影片，只有在最后的"分享"步骤中，经过渲染输出，将项目文件中的所有素材连接在一起，生成的文件才是影片。

3. 保存项目

在影片编辑过程中，保存项目非常重要。选择"文件 > 保存"命令，弹出"另存为"对话框，在"保存在"选项中设置项目所要保存的路径，在"文件名"选项的文本框中输入文件的名称，如图 1-9 所示，单击"保存"按钮，即可保存项目。

图 1-9

4. 打开项目

如果要打开保存好的项目，选择"文件 > 打开项目"命令，弹出"打开"对话框，在对话框中选择需要打开的文件，如图 1-10 所示，单击"打开"按钮，即可打开项目。

图 1-10

提 示   在打开项目时，如果没有对正在编辑的项目文件进行保存，系统将弹出提示对话框，询问是否保存当前编辑的项目。如果单击"是"按钮，将保存当前项目并打开其他项目；如果单击"否"按钮，将不保存当前项目而是直接打开其他项目；如果单击"取消"按钮，将取消打开项目的操作，可以继续编辑当前项目。

5. 关闭项目

将项目进行保存后，可以将其关闭。单击编辑器右上方的"关闭"按钮▨，可以关闭项目。关闭项目时，若当前项目被修改过或是新建项目，则会弹出提示对话框，如图 1-11 所示，单击"是"按钮即可存储并关闭项目。

图 1-11

6. 项目属性设置

项目属性就是影片的输出参数。选择"设置 > 项目属性"命令，弹出"项目属性"对话框，如图 1-12 所示。

图 1-12

"项目文件信息"选项组：显示与项目相关的各种信息，如文件大小、名称、软件版本等。

"项目模板属性"选项组：显示项目使用的视频文件格式和其他属性。

"编辑"按钮 编辑(E)：单击此按钮，弹出"项目选项"对话框，在对话框中可以设置视频和音频，并对所选文件格式进行压缩。

7. 参数设置

设置适当的参数可以在输入素材、编辑时节省大量时间，提高工作效率。选择"设置 > 参数选择"命令，弹出"参数选择"对话框，如图 1-13 所示。

图 1-13

"常规"选项卡：可以在相应的选项面板中设置一些基本的文件操作属性。

"编辑"选项卡：可以在相应的选项面板中设置所有效果和素材的质量，还可以调整插入的图像/色彩素材的默认区间以及转场、淡入/淡出效果的默认区间。

"捕获"选项卡：可以在相应的选项面板中设置与视频捕获相关的参数。

"性能"选项卡：可以在相应的选项面板中设置是否启用智能代理功能。

"界面布局"选项卡：可以在相应的选项面板中设置软件界面的布局。

1.2 操作界面

1.2.1 【操作目的】

通过打开项目命令熟悉菜单栏的操作，通过色彩校正和查看视频素材了解面板的使用方法。

1.2.2 【操作步骤】

步骤 1 启动会声会影，在启动面板中选择"高级编辑"模式，如图 1-14 所示，进入高级编辑模式操作界面。

步骤 2 选择"文件 > 打开项目"命令，在弹出的"打开"对话框中选择光盘目录下"Ch01 > 素材 > 操作界面> 01.VSP"文件，如图 1-15 所示。

图 1-14

图 1-15

步骤 3 单击"打开"按钮，即可打开项目文件，如图 1-16 所示。

图 1-16

步骤 4 在故事板中选中素材，在素材库右下方单击"选项"按钮 **选项**，单击选项面板中的"色彩校正"按钮，如图 1-17 所示。

图 1-17

步骤 5 在弹出的"色彩校正"面板中，拖动滑块，将"亮度"选项设为 28，"对比度"选项设为 4，"Gamma"选项设为 36，如图 1-18 所示，在预览窗口中的效果如图 1-19 所示。

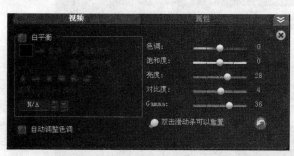

图 1-18

图 1-19

步骤 6 单击导览面板中的"播放"按钮，观看视频效果，如图 1-20 所示。

图 1-20

1.2.3 【相关工具】

1. 操作界面

启动会声会影，进入功能选择界面，选择"高级编辑"选项，如图 1-21 所示，进入操作界面，操作界面中包含菜单栏、步骤面板、预览窗口、导览面板、工具栏、项目时间轴、素材库、素材库面板和选项面板，如图 1-22 所示。

图 1-21

图 1-22

菜单栏： 包含了文件、编辑、工具及设置的菜单，这些菜单提供了不同的命令集。

步骤面板： 将视频编辑中的各个步骤按选项卡的形式进行排列。

预览窗口： 用于显示当前编辑的素材并对编辑过程中的效果进行显示。

导览面板： 用于浏览预览窗口中的素材，并可以对素材进行精确的修整。

功能按钮： 用于设置不同的视图模式，以及选择其他快速设置的按钮。

项目时间轴： 显示当前项目中包含的所有素材、背景音乐、标题和各种转场效果。

素材库： 用于保存和管理素材。

素材库面板： 根据媒体类型过滤素材库——媒体、转场、标题、图形、滤镜和音频。

选项面板： 包含用于对素材进行定义、设置的按钮和命令选项。其内容会根据操作步骤的不同而变化。

2. 步骤面板

会声会影将影片制作过程简化为 3 个简单步骤。单击步骤面板上相应的按钮，可以在不同的步骤之间进行切换。

"捕获"按钮 **1 捕获**：在"捕获"步骤面板中可以直接将视频中的影片素材捕获到计算机中。录像带中的素材可以被捕获成单独的文件或自动分割成多个文件。

"编辑"按钮 **2 编辑**：在面板中可以整理、编辑和修整视频素材，还可以将视频滤镜应用到视频素材上。

"分享"按钮 **3 分享**：影片编辑完成后，可以在"分享"步骤面板中创建视频文件或者将影片输出到磁带、DVD 光盘、CD 光盘上。

3. 导览面板

导览面板用于预览和编辑项目中使用的素材，如图 1-23 所示。通过选择导览面板中不同的播放模式，播放所选的素材。使用修整栏和擦洗器▭可以对素材进行编辑。

图 1-23

项目/素材模式：指定预览整个项目或只预览所选素材。

"播放"按钮▶：单击此按钮，可以播放视频或音频素材。

 提　示 按住<Shift>键的同时单击此按钮，仅播放在修整栏上选取的视频。

"起始"按钮▮◀：单击此按钮，预览窗口显示起始帧，擦洗器▭回到修整栏的起始位置。

"上一帧"按钮◀▮：移动到视频素材的上一帧。

"下一帧"按钮▮▶：移动到视频素材的下一帧。

"结束"按钮▶▮：单击此按钮，预览窗口显示结束帧，擦洗器▭停在修整栏的终止位置。

"重复"按钮↻：单击此按钮，可循环播放素材。

"系统音量"按钮◀))：单击此按钮并拖动弹出的滑动条，可以调整素材的音频输入或音乐的音量。

"开始标记"按钮▮：用于标记素材的起始点。

"结束标记"按钮▮：用于标记素材的结束点。

"分割素材"按钮✂：将所选的素材剪切为两段。将擦洗器▭定位到需要分割的位置。

"扩大"按钮▢：单击此按钮，可以在较大的预览窗口中预览素材。

"时间码"图标 00:00:00:00▲▼：通过指定确切的时间，可以直接调到项目或所选素材的特定位置。

"修整拖柄"图标◢：用于修整、编辑和剪辑视频素材。

4. 工具栏

通过工具栏，可以便捷地访问编辑按钮，还可以更改项目视图，在"项目时间轴"上放大和缩小视图以及启动不同工具帮助您进行有效的编辑，如图 1-24 所示。

图 1-24

"故事板视图"按钮：单击此按钮，可以将视图模式切换到故事板视图。

"时间轴视图"按钮：单击此按钮，可以将视图模式切换到时间轴视图。

"撤销"按钮：单击此按钮，可以撤销已经执行的操作。

"重复"按钮：单击此按钮，可以重复被撤销的操作。

"录制/捕获选项"按钮：单击此按钮，弹出"录制/捕获选项"面板，可以在同一位置执行捕获视频、导入文件、录制画外音、抓拍快照等所有操作。

"成批转换"按钮：单击此按钮，可以在弹出的对话框中将多个视频文件成批转换为指定的视频格式。

"绘图创建器"按钮：单击此按钮，启动"绘图创建器"面板，在其中可以使用绘图和画画功能来创建图像和动画覆叠。

"混音器"按钮：单击此按钮，启动"环绕混音"选项面板和多音轨的"音频时间轴"视图，自定义音频设置。

"即时项目"按钮：单击此按钮，启动"即时项目"窗口，可以选择带有图片、标题和音乐以及可用自己的素材轻松替换的占位符媒体素材的开场和结束的项目模板。

"缩小"按钮：单击此按钮，可以缩小时间轴上素材的显示比例。

"放大"按钮：单击此按钮，可以放大时间轴上素材的显示比例。

"将项目调整到时间轴窗口大小"按钮：单击此按钮，在时间轴上显示全部项目素材。

"项目区间"：显示项目区间。

5. 编辑视频的三种视图模式

为了方便用户查看和编辑影片，会声会影提供了 3 种视图模式，下面介绍各种素材显示方式的特点和使用方法，用户可以在影片编辑过程中根据需要进行选择。

◎ 故事板视图

单击"故事板视图"按钮切换到故事板视图。故事板视图是将素材添加到影片中最快捷的方式。故事板中略图代表影片中的一个事件，事件可以是视频素材，也可以是转场或静态图像。略图按项目中事件发生的时间顺序依次出现，但对素材本身并不详细说明，只是在略图下方显示当前素材的区间，如图 1-25 所示。

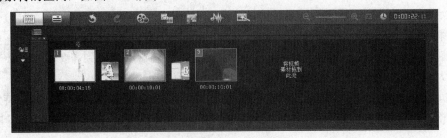

图 1-25

◎ 时间轴视图

单击"时间轴视图"按钮切换到时间轴视图。时间轴视图可以准确地显示出事件发生的时间和位置，还可以粗略浏览不同媒体素材的内容。时间轴视图的素材可以是视频文件、静态图像、声音文件、音乐文件或者转场效果，也可以是彩色背景或标题。

在时间轴视图中，故事板被水平分割成视频轨、覆叠轨、标题轨、声音轨以及音乐轨 5 个不同的轨，如图 1-26 所示。单击相应的按钮，可以切换到它们所代表的轨，以便于选择和编辑相应的素材。

图 1-26

◎音频视图

音频视图是通过单击工具栏中的"混音器"按钮 进行转换的。音频视图通过混音面板可以实时地调整项目中音频轨的音量，也可以调整音频轨中特定点的音量，如图 1-27 所示。

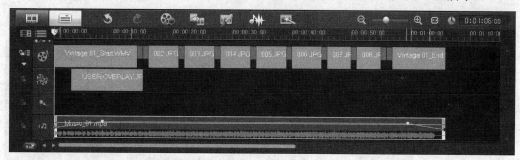

图 1-27

1.3 ／素材库

1.3.1　【操作目的】

通过新建项目熟练掌握新建命令。通过"媒体"按钮了解素材库的使用方法。

1.3.2　【操作步骤】

步骤 1　启动会声会影，在启动面板中选择"高级编辑"模式，如图 1-28 所示，进入高级编辑模式操作界面。

步骤 2　选择"文件 > 新建项目"命令，新建一个项目。单击"素材库面板"中的"媒体"按钮 ，切换到视频素材库，单击"添加"按钮 ，如图 1-29 所示。

图 1-28

图 1-29

步骤 3 在弹出的"浏览视频"对话框中选择光盘目录下"Ch01 > 素材 > 素材库 > 01"文件，如图 1-30 所示。

步骤 4 单击"打开"按钮，所选中的素材被插入到素材库中，效果如图 1-31 所示。

图 1-30

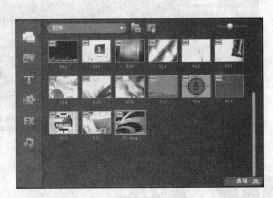

图 1-31

步骤 5 单击"时间轴"面板中的"时间轴视图"按钮 ▭，切换到时间轴视图。在素材库中选中"01"文件，单击鼠标右键，在弹出的快捷菜单中选择"插入到 > 视频轨"命令，将选中的素材插入视频轨中，如图 1-32 所示。

步骤 6 选择"文件 > 保存"命令，弹出"另存为"对话框，在"保存在"选项中设置项目所要保存的路径，在"文件名"选项的文本框中输入文件的名称，单击"保存"按钮，即可保存项目。

步骤 7 将项目进行保存后，单击编辑器右上方的"关闭"按钮 ☒，关闭项目，退出程序。

图 1-32

1.3.3 【相关工具】

1. 素材库中的功能按钮

在素材库的上方有一排功能按钮，如图 1-33 所示。

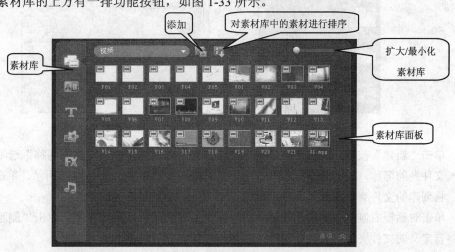

图 1-33

"添加"按钮 ：单击此按钮，可以将视频、图像、音频、色彩素材添加到素材库中。

"对素材库中的素材排序"按钮 ：单击此按钮，可以按名称或日期为素材进行排序。

"添加至收藏夹"按钮 ：单击此按钮，可以将选中的转场效果添加到"收藏夹"转场中。

"对视频轨应用当前效果"按钮 ：单击此按钮，可以将转场效果一次应用到整个项目中的所有素材之间。

"对视频轨应用随机效果"按钮 ：单击此按钮，可以将随机转场效果一次应用到整个项目中的所有素材之间。

"获取更多"按钮 ：单击此按钮，弹出"Corel Guide"窗口，可下载动画标题。

"扩大/最小化素材库" ：拖动滑块，可以根据需要放大或缩小素材库中的项目。

中等职业教育数字艺术类规划教材

2. 素材排序

在素材库中可以为素材排列顺序。单击素材库上方的"对素材库中的素材排序"按钮，在弹出的菜单中可以选择"按名称排序"和"按日期排序"两种排序方式，如图 1-34 所示。

图 1-34

3. 素材管理器

应用素材管理器可以在影片的制作过程中为不同的素材建立单独的素材文件夹，这些文件夹可以帮助保存和管理各种类型的文件。

单击素材库中的"画廊"按钮，在弹出的列表中选择"库创建者"选项，如图 1-35 所示，弹出"库创建者"对话框，在"可用的自定义文件夹"选项列表中选择需要管理的文件类型，如图 1-36 所示。

图 1-35

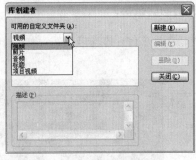

图 1-36

单击"新建"按钮，弹出"新建自定义文件夹"对话框，在"文件夹名称"选项的文本框中输入文件夹的名称，在"描述"选项的文本框中输入描述文字，如图 1-37 所示，单击"确定"按钮，将创建的文件夹添加到列表中，如图 1-38 所示。

单击对话框右侧的"编辑"按钮，可以修改文件夹名称和描述文字。单击"删除"按钮，可以将自定义的文件夹进行删除。单击"关闭"按钮，完成设置。

再次单击素材库中的"画廊"按钮，弹出的列表中已经添加进了新创建的文件夹，如图 1-39 所示，可以将相应的素材导入到此文件夹中。

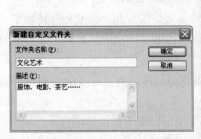

图 1-37

图 1-38

图 1-39

第2章 视频的捕获

视频捕获就是将来源设备的视频资料传输到计算机的硬盘上，保存为某种格式的文件。视频捕获是整个视频编辑中十分重要的一个步骤，因为这一步为编辑提供视频素材。而视频素材质量的好坏直接关系到影片制作的质量。要捕获高质量的视频文件，高质量的硬件固然很重要，但是正确地使用软件，采取正确的捕获方法，并使用一些捕获技巧，同样也是获得高质量视频文件的有效途径。

 课堂学习目标

- 捕获视频前的准备
- 捕获 DV 摄像机中的视频
- 特殊的捕获技巧

2.1 制作从 DV 中捕获视频素材

2.1.1 【操作目的】

使用"捕获视频"按钮调出捕获面板。使用捕获选项面板捕获视频片段。（最终效果参看光盘中的"Ch02 > 制作从 DV 中捕获视频素材 > 制作从 DV 中捕获视频素材.VSP"，如图 2-1 所示。）

图 2-1

2.1.2 【操作步骤】

步骤 1 将 DV 摄像机与计算机通过 IEEE 1394 接口连接,打开摄像机的电源,将摄像机的工作模式设为 PLAY/EDIT 模式,系统检测到摄像机并弹出"数字视频设备"对话框,在对话框中选择"捕获和编辑视频"选项,如图 2-2 所示,单击"确定"按钮,启动会声会影程序。

步骤 2 在"捕获"步骤选项面板中单击"捕获视频"按钮 ,如图 2-3 所示。

图 2-2

图 2-3

步骤 3 进入捕获界面,在"格式"下拉列表中选择"DV",如图 2-4 所示。单击"捕获视频文件夹"按钮 ,如图 2-5 所示。在弹出的"浏览文件夹"对话框中选择保存路径,如图 2-6 所示。

图 2-4

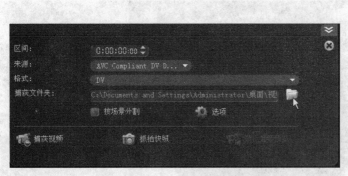

图 2-5

图 2-6

步骤 4 单击"确定"按钮,返回到编辑器,单击"捕获视频"按钮 ,如图 2-7 所示,开始捕获视频,捕获到合适的位置后,单击"停止捕获"按钮 。

图 2-7

步骤 5 单击步骤选项卡中的"编辑"按钮 **2 编辑** ，切换至编辑面板，如图 2-8 所示，捕获的视频素材自动添加到时间轴和素材库中。

图 2-8

2.1.3 【相关工具】

1. 关闭不需要的程序

如果捕获视频的时间较长，耗费系统资源较大，捕获前一定要关闭除会声会影以外的其他应用程序，以提高捕获质量。对于低配置的计算机，这一点非常重要。另外，一些隐藏在后台的程序也要关闭，如屏幕保护程序、定时杀毒程序、定时备份程序，以避免捕获视频时发生中断。在捕获视频时最好断开网络，以防计算机遭到病毒或黑客攻击。

2. 设置保存路径

运行会声会影编辑器，选择"设置 > 参数选择"命令，或按<F6>键，弹出"参数选择"对话框，在默认的情况下，会声会影会把捕获的视频文件保存到：C:\Documents and Settings\Administrator\My Documents\Corel VideoStudio Pro\14.0，如图 2-9 所示。

单击"捕获"选项卡，切换到捕获对话框，在默认设置下，当用户停止捕获视频后，DV 带仍然会继续往下播放,如果希望停止捕获时,DV 带也同时停止,在对话框中勾选"捕获结束后停止 DV 磁带"复选框,如图 2-10 所示。

图 2-9

图 2-10

3. 捕获参数设置

将 DV 与计算机连接后,单击选项面板中的"捕获视频"按钮,进入捕获面板,如图 2-11 所示。

图 2-11

"区间"选项:形式为"小时:分钟:秒:帧",设置捕获的时间长度。

"来源"选项:显示检测到的捕获设备驱动程序。

"格式"选项:在此选择文件格式,用于保存捕获的视频。

"捕获文件夹"选项:保存捕获文件的位置。

"按场景分割"复选框:按照录制的日期和时间,自动将捕获的视频分割成多个文件(此功能仅在从 DV 摄像机中捕获视频时使用)。

"选项"按钮:单击此按钮,在弹出的列表中可以打开与捕获驱动程序相关的对话框,如图 2-12 和图 2-13 所示。

图 2-12

图 2-13

显示出一个菜单，允许用户修改捕获设置。

"捕获视频"按钮：单击此按钮，开始从已安装的视频输入设备中捕获视频。

"抓拍快照"按钮：单击此按钮，可以将视频输入设备中的将当前帧作为静态图像捕获到会声会影中。

"禁止音频播放"按钮：使用会声会影捕获 DV 视频时，可以通过与计算机相连的音响监听影片中录制的声音，此时，"禁止音频播放"按钮处于可用状态。如果声音不连贯，可能是在 DV 捕获期间计算机上预览声音出现了问题，但这不会影响捕获的质量，如果出现这种情况，可单击"禁止音频播放"按钮。

4. 按照指定的时间长度捕获视频

使用会声会影可以指定要捕获的时间长度，如将捕获时间设置为 5min30s，捕获到 5min30s 的内容后，程序自动停止捕获。

启动会声会影编辑器，单击步骤选项卡中的"捕获"按钮 **1 捕获**，单击选项面板中的"捕获视频"按钮，显示捕获选项面板。

单击导览面板中的"播放"按钮，使预览窗口中显示需要捕获的起始帧位置。

在选项面板的区间中输入数值，指定需要捕获的视频的长度。在需要调整的数字上单击鼠标，当其处于闪烁状态时，输入新的数字或者单击右侧的微调按钮，可以增加或减少所设定的时间。例如，可以将捕获时间设置为 2min10s，如图 2-14 所示。

图 2-14

设置完成后，单击选项面板中的"捕获视频"按钮，开始捕获视频。在捕获的过程中，捕获的区间的时间框中显示已经捕获的视频区间。当捕获到指定的时间长度后，程序将自动停止，捕获的视频将显示在素材库中，如图 2-15 所示。

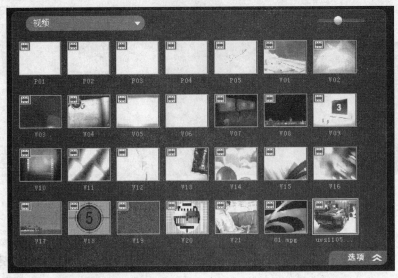

图 2-15

5. 从 DV 摄像机中捕获视频

将 DV 摄像机与计算机通过 IEEE 1394 接口连接，打开摄像机的电源，将摄像机的工作模式设为 PLAY/EDIT 模式，这时系统检测到摄像机并弹出"数字视频设备"对话框，在对话框中选择"捕获和编辑视频"选项，如图 2-16 所示，单击"确定"按钮，即可启动会声会影程序。

图 2-16

进入会声会影的操作界面，单击步骤选项卡中的"捕获"按钮 **1 捕获**，切换至捕获面板。单击选项面板中的"捕获视频"按钮，如图 2-17 所示，如果此时系统没有连接摄像机，将弹出提示对话框，如图 2-18 所示。

图 2-17　　　　　　　　　　　　　　　　　　　　　　图 2-18

连接摄像机后，将弹出"捕获"选项面板，在"来源"选项的下拉列表中选择当前连接的摄像机 "AVC Compliant DV Device"，如图 2-19 所示。在"格式"选项的下拉列表中选择"DVD"，如图 2-20 所示。

图 2-19　　　　　　　　　　　　　　　　　　　　　　图 2-20

单击"捕获文件夹"选项右侧的"捕获文件夹"按钮 ，如图 2-21 所示，在弹出的"浏览文件夹"对话框中选择捕获的视频文件要保存的路径，如图 2-22 所示，单击"确定"按钮。

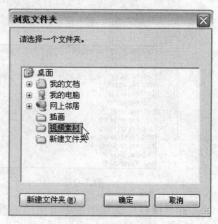

图 2-21　　　　　　　　　　　　　　　　　　　　　　图 2-22

在"捕获"选项面板中单击"选项"按钮 ，在弹出的列表中选择"捕获选项"选项，如图 2-23 所示，在弹出的"捕获选项"对话框中进行设置，如图 2-24 所示，单击"确定"按钮。

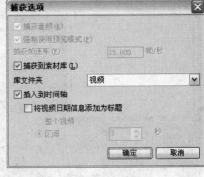

图 2-23　　　　　　　　　　　　图 2-24

在"捕获"选项面板中单击"选项"按钮，在弹出的列表中选择"视频属性"选项，如图 2-25 所示，弹出"视频属性"对话框，如图 2-26 所示。

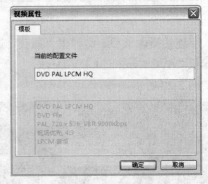

图 2-25　　　　　　　　　　　　图 2-26

在"当前的配置文件"下拉列表中选择"DVD PAL AC3 EP"选项，如图 2-27 所示，单击"确定"按钮，在预览窗口中可以看见要捕获的视频，如图 2-28 所示。

图 2-27　　　　　　　　　　　　图 2-28

在"捕获"选项面板中单击"捕获视频"按钮，如图 2-29 所示，即可开始捕获视频。当要停止捕获视频时，单击"停止捕获"按钮，如图 2-30 所示。

图 2-29

图 2-30

停止捕获后，刚才捕获的视频将显示在预览窗口中，单击导览面板的"播放"按钮 ，可以预览视频，如图 2-31 所示。在素材库中用鼠标右键单击刚捕获的视频文件，在弹出的快捷菜单中选择"属性"选项，如图 2-32 所示。

图 2-31

图 2-32

在弹出的"属性"对话框中可以查看与视频相关的各种信息，如图 2-33 所示，单击"确定"按钮。在计算机中打开刚才存储捕获视频的文件夹，将视频的名称重新设置为"车展"，如图 2-34 所示。

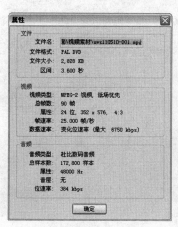

图 2-33

图 2-34

在会声会影软件中将自动弹出"重新链接"对话框，提示文件不存在，是因为刚才视频文件被重新命名，系统不能找到文件所引起的，此时单击"重新链接"按钮，如图 2-35 所示，弹出"替换/重新链接文件"对话框，在对话框中选择更改过名称的视频文件"车展"，如图 2-36 所示，单击"打开"按钮。

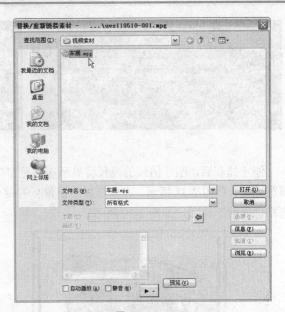

图 2-36

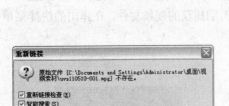

图 2-35

此时弹出提示对话框，提示所有素材已经被重新链接，如图 2-37 所示，单击"确定"按钮，将再次弹出"重新链接"对话框，单击"重新链接"按钮，在弹出的对话框中选择视频文件"车展"，单击"确定"按钮。

在步骤选项卡中单击"编辑"按钮 **2 编辑**，切换至编辑面板，刚才捕获的视频已经自动显示在素材库和时间轴中，如图 2-38 所示。

图 2-38

图 2-37

选择"文件 > 保存"命令，如图 2-39 所示，在弹出的"另存为"对话框中设置项目文件的名称和保存路径，单击"保存"按钮，如图 2-40 所示。

图 2-39

图 2-40

 提　示　保存项目文件后，如想继续编辑此视频，即可打开项目文件继续编辑，无需再次捕获视频。

2.1.4　【实战演练】——制作按指定时间捕获

使用"捕获视频"按钮调出捕获面板。使用"区间"选项设置捕获时间。（最终效果参看光盘中的"Ch02 > 制作按指定时间捕获 > 制作按指定时间捕获.VSP"，如图 2-41 所示。）

图 2-41

2.2　制作从 DV 中捕获静态图像

2.2.1　【操作目的】

使用"捕获视频"按钮调出捕获面板。使用"抓拍快照"按钮捕获影片中的静态图像。（最终效果参看光盘中的"Ch02 > 制作从 DV 中捕获静态图像 > 制作从 DV 中捕获静态图像.VSP"，如图 2-42 所示。）

图 2-42

2.2.2 【操作步骤】

步骤 1 将 DV 摄像机与计算机通过 IEEE 1394 接口连接，打开摄像机的电源，将摄像机的工作模式设为 PLAY/EDIT 模式，系统检测到摄像机并弹出"数字视频设备"对话框，在对话框中选择"捕获和编辑视频"选项，如图 2-43 所示，单击"确定"按钮，即启动会声会影程序。

步骤 2 在"捕获"步骤选项面板中单击"捕获视频"按钮 ，如图 2-44 所示。

图 2-43   图 2-44

步骤 3 进入捕获界面，在"格式"下拉列表中选择"DV"，单击"捕获视频文件夹"按钮 ，在弹出的"浏览文件夹"对话框中选择保存路径，如图 2-45 所示。

步骤 4 单击"确定"按钮，返回编辑器，单击导览面板中的播放按钮使预览窗口中出现需要捕获图像的大致位置，单击"暂停"按钮 ，停止播放，如图 2-46 所示。

图 2-45   图 2-46

步骤 5 单击选项面板中的"抓拍快照"按钮 ，如图 2-47 所示，当前的画面就被保存在指定的文件夹中，并显示在素材库中，单击步骤选项卡中的"编辑"按钮 ，切换至编辑面板，可以看到时间轴中的图像略图，如图 2-48 所示。

图 2-47

图 2-48

2.2.3 【相关工具】

1. 捕获成其他视频格式

如果需要将视频捕获成不同的格式，可单击选项面板中的"格式"选项右侧的下拉按钮，在弹出的下拉列表中选择所需要格式，如图 2-49 所示。

图 2-49

2. 成批转换视频素材

成批转换是先标记出 DV 带中要转换的多个视频片段，然后再批量转换。

单击时间轴上方的"成批转换"按钮，弹出"成批转换"对话框，如图 2-50 所示。单击"添加"按钮，在弹出的"打开视频文件"对话框中选择需要转换格式的视频文件，如图 2-51 所示。

中等职业教育数字艺术类规划教材

图 2-50

图 2-51

单击"打开"按钮,在弹出的"改变素材序列"对话框中以拖曳的方式改变素材的顺序,如图 2-52 所示。

图 2-52

单击"确定"按钮,将所有选中的素材添加到转换列表中,如图 2-53 所示,在对话框中单击"保存文件夹"选项右侧的按钮 ,在弹出的"浏览文件夹"对话框中指定转换后文件的保存路径,如图 2-54 所示。

图 2-53

图 2-54

单击"保存文件类型"选项右侧的下拉按钮,在弹出的列表中选择要转换视频的文件格式,如图 2-55 所示。

图 2-55

设置完成后，单击"确定"按钮，再单击"转换"按钮，程序将按照指定的文件格式转换视频，如图 2-56 所示。

图 2-56

转换完成后，程序将自动弹出如图 2-57 所示的对话框，显示任务报告，单击"确定"按钮，所有视频文将转换为新的文件格式，并保存在指定的文件夹中。

图 2-57

3. 设置捕获图像参数

选择"设置 > 参数选择"命令或按<F6>键，弹出"参数选择"对话框，如图 2-58 所示。在弹出的对话框中选择"捕获"标签，切换至"捕获"对选项卡，在"捕获格式"选项下拉列表中选择"JPEG"，如图 2-59 所示，设置完成后，单击"确定"按钮。

图 2-58　　　　　　　　　　　　　　　　图 2-59

4. 捕获静态图像

单击导览面板中的"播放"按钮 ▶，找到清晰的一帧画面，如图 2-60 所示。单击选项面板中的"抓拍快照"按钮 📷，如图 2-61 所示。

图 2-60　　　　　　　　　　　　　　　　图 2-61

当前的画面就被保存在指定的文件夹中，并显示在素材库中，如图 2-62 所示。单击步骤选项卡中的"编辑"按钮 ，切换至编辑面板，可以看到时间轴中的图像略图，将其选中，在"属性"面板中的"重新采样选项"选项中选择"调整到项目大小"选项，图像会正确显示。

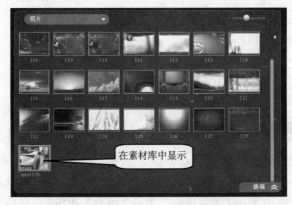

在素材库中显示

图 2-62

5. 场景分割

在 DV 摄像机捕获视频时，会声会影可自动根据录制的日期与时间来辨识个别的视频片段，并将此信息包含到捕获的视频文件中，然后会声会影可将视频文件分割成素材，并插入到项目中。

如果将捕获的视频保存为 DV 格式，就可以使用"按场景分割"功能。"按场景分割"功能将根据录制的日期和时间自动将文件分割为多个视频文件，如果捕获的视频要立即剪辑，在捕获的选项面板中勾选"按场景分割"复选框，如图 2-63 所示。

图 2-63

在"捕获"选项面板中单击"捕获视频"按钮 ，如图 2-64 所示，即可开始捕获视频。当要停止捕获视频时，单击"停止捕获"按钮 即可。

图 2-64

单击步骤选项卡中的"编辑"按钮 ，切换至编辑面板，程序将分割出的视频文件排列在故事板中，效果如图 2-65 所示。

图 2-65

2.2.4 【实战演练】——制作捕获成其他视频格式

使用"捕获视频"按钮调出捕获面板。选择"格式"命令设置视频格式。选择"视频属性"命令设置捕获视频属性。（最终效果参看光盘中的"Ch02 > 制作捕获成其他视频格式 > 制作捕获成其他视频格式.VSP"，如图 2-66 所示。）

图 2-66

2.3　综合演练——成批转换

使用"插入视频"命令在故事板中插入素材。使用"成批转换"功能将视频转换为其他格式。（最终效果参看光盘中的"Ch02 > 制作成批转换 > 制作成批转换.VSP"，如图 2-67 所示。）

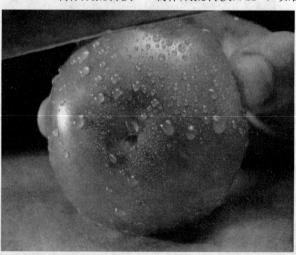

图 2-67

第3章 影片的基础编辑

从视频来源直接捕获得来的影片有很多地方不符合用户的要求，所以就必须对它们进行编辑和修整，这样才能将它们组合成情节效果最佳的影片。本章中将详细介绍怎样处理各种视频素材，以及如何对它们进行编辑和修饰。

 课堂学习目标

- 添加素材
- 编辑步骤选项面板
- 编辑素材

3.3 制作照片摇动和缩放效果

3.1.1 【操作目的】

使用素材库中的"添加"命令为故事板添加照片素材。使用"摇动和缩放"选项为照片制作摇动缩放效果。（最终效果参看光盘中的"Ch03 > 制作照片摇动和缩放效果 > 制作照片摇动和缩放效果.VSP"，如图3-1所示。）

图3-1

3.1.2 【操作步骤】

步骤 1 启动会声会影，在启动面板中选择"高级编辑"模式，如图3-2所示，进入高级编辑模式操作界面。

步骤 2 单击"素材库面板"中的"媒体"按钮，单击素材库中的"画廊"按钮，在弹出的下拉列表中选择"照片"选项，在素材库中显示"照片"素材库，单击"添加"按钮，在弹出的"浏览照片"对话框中选择光盘目录下"Ch03 > 素材 > 制作照片摇动和缩放效果 > 01"文件，单击"打开"按钮，照片素材被添加到素材库中，如图3-3所示。

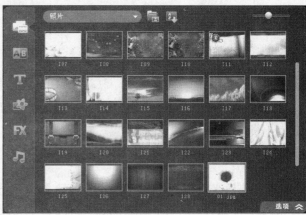

图 3-2　　　　　　　　　　　　　　　　图 3-3

步骤 3 在素材库中选择"01"文件，将其拖曳到故事板中，释放鼠标，如图 3-4 所示。单击"选项"按钮，在弹出的"属性"选项卡面板中选择"摇动和缩放"单选项，如图 3-5 所示。单击导览面板中的"播放"按钮 ▶ ，预览效果如图 3-6 所示。

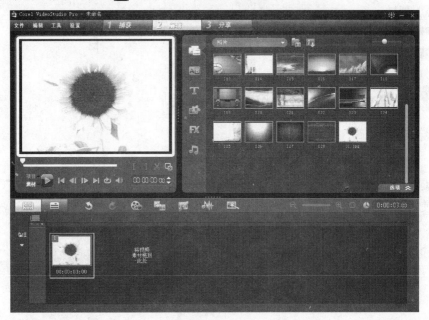

图 3-4

图 3-5　　　　　　　　　　　　　　　　图 3-6

3.1.3 【相关工具】

1. 添加视频素材

进入会声会影编辑器，单击"素材库面板"中的"媒体"按钮 ，切换到视频素材库，单击素材库右上角的"添加"按钮 ，在弹出的"浏览视频"对话框中选择视频所在的路径，并选择需要的视频，单击对话框底部的"预览"按钮 ，查看选中文件的第一帧画面，如图 3-7 所示，单击"打开"按钮，选中的文件被添加到"视频"素材库中，效果如图 3-8 所示。

图 3-7

图 3-8

单击导览面板中的"播放"按钮 ，在预览窗口中观看效果。在素材库中选择添加的视频素材，单击鼠标将其拖曳到故事板中，释放鼠标，即可将添加的视频素材添加到视频轨中，效果如图 3-9 所示。

图 3-9

2. 添加图像素材

单击"素材库面板"中的"媒体"按钮 ，单击素材库中的"画廊"按钮，在弹出的下拉列表中选择"照片"选项，在素材库中显示"照片"素材库，如图 3-10 所示。

图 3-10

在素材库的空白区域单击鼠标右键，在弹出的快捷菜单中选择"插入照片"命令，弹出"浏览照片"对话框，在对话框中选择文件"糕点 1"，如图 3-11 所示，单击"打开"按钮，选择的图像被添加到"照片"素材库中，效果如图 3-12 所示。

图 3-11

图 3-12

3. 添加色彩素材

单击素材库面板中的"图形"按钮 ，切换到图形素材库，单击素材库中的"画廊"按钮，在弹出的下拉列表中选择"色彩"选项，在素材库中显示"色彩"素材库，单击"添加"按钮 ，在弹出的"新建色彩素材"对话框中单击"色彩"颜色块，如图 3-13 所示，在弹出的面板中选择"Corel 色彩选取器"或"Windows 色彩选取器"选项。

选择"Corel 色彩选取器"选项，如图 3-14 所示，弹出"Corel 色彩选取器"对话框，对话框中列出很多种基本颜色，可以选择所需要的颜色，这时，所选取的 RGB 值会出现在对话框中，如图 3-15 所示。

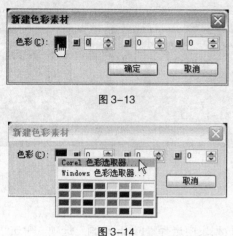

图 3-13

图 3-14

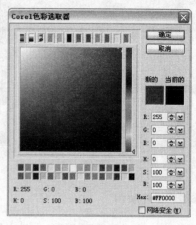

图 3-15

选择"Windows 色彩选取器"选项，如图 3-16 所示，弹出"颜色"对话框，在对话框中可以选择各种各样的基本颜色，如图 3-17 所示。

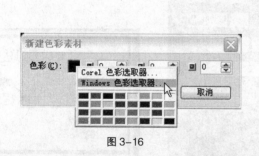

图 3-16

图 3-17

单击"规定自定义颜色"按钮，在出现的自定义栏中定义一种颜色，其 RGB 值也在对话框中显示，如图 3-18 所示，单击"确定"按钮，返回到"新建色彩素材"对话框中，如图 3-19 所示。

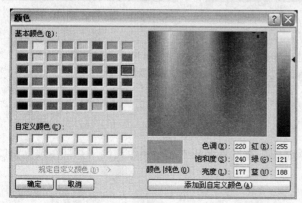

图 3-18

图 3-19

在对话框中设置数值改变颜色，红色值为 150，绿色值为 30，蓝色值为 150，如图 3-20 所示。
单击"确定"按钮，新建的色彩被添加到色彩库中，如图 3-21 所示。

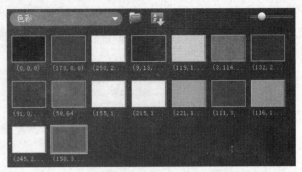

图 3-20

图 3-21

4. 添加 Flash 动画

单击素材库中的"画廊"按钮，在弹出的下拉列表中选择"Flash 动画"选项，单击"添加"
按钮，在弹出的"浏览 Flash 动画"对话框中选择需要添加的 Flash 文件，单击"打开"按钮，
将选择的 Flash 动画添加到素材库中，同时在预览窗口中显示素材内容，如图 3-22 所示。单击"播
放"按钮，在预览窗口中观看 Flash 动画内容，效果如图 3-23 所示。

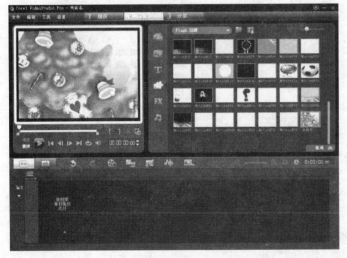

图 3-22

图 3-23

提示 如果需要将素材添加到项目中，可直接拖曳素材到故事板中，或在该素材上单击鼠
标右键，在弹出的快捷菜单中选择"插入到 > 视频轨或覆叠轨"命令。

5. 设置照片素材的属性

在故事板中选择需要调整的图像素材缩略图，在选项面板中显示图像属性，并且在预览窗口
中显示图像预览效果，如图 3-24 所示。

图 3-24

在会声会影中插入的图片设置的默认播放时间为 3s。要更改图像的播放时间为 4s，则在选项面板的"秒"所在的时间格中设置数值为 4，如图 3-25 所示。

 提　示　如果需要修改故事板上所有图像素材的播放时间，在插入素材图像之前按<F6>键，在弹出的"参数设置"对话框中选择"编辑"选项卡，将"默认照片/色彩区间"选项设为 8，如图 3-26 所示，所有新插入的图像素材持续播放时间都变为 8s。

图 3-25

图 3-26

在选项面板中的"重新采样选项"选项下拉列表中可以设置图像重新采样的方法。单击下拉按钮，弹出下拉列表，如图 3-27 所示。

图 3-27

"保持宽高比"选项：调整图像的大小，以合适项目的帧大小。

"调到项目大小"选项：基于项目帧大小，保持图像宽度和高度的相对比例。

单击"色彩校正"按钮，弹出"照片"面板，在面板中调整照片素材的色调、饱和度、亮度和对比度等，如图 3-28 所示。

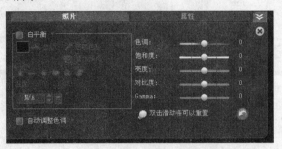

图 3-28

在选项面板中单击"将照片逆时针旋转 90 度"按钮和"将照片顺时针旋转 90 度"按钮，可逆时针或顺时针调整图像的角度，效果如图 3-29 和图 3-30 所示。

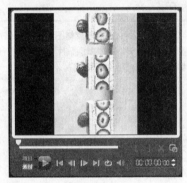

图 3-29

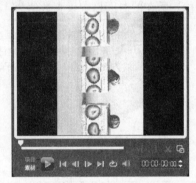

图 3-30

6. 视频素材的选项面板

单击时间轴上的任意一个视频素材，选项面板转换为"视频"面板，如图 3-31 所示。

图 3-31

"视频区间"选项：显示所选素材的区间，形式为"小时:分钟:秒:帧"。通过更改素材区间，可以修整所选素材。

"素材音量"选项：允许用户调整视频的音频部分的音量。

"静音"按钮：使视频中的音频片段不发出声音，但不将其删除。

CHAPTER 3

"淡入"按钮 /"淡出"按钮 ：逐渐增大/减小素材音量，以实现平滑转场。

"将视频逆时针旋转 90 度"按钮 和"将视频顺时针旋转 90 度"按钮 ：对素材进行逆时针或顺时针旋转，每次旋转 90 度。

"色彩校正"按钮 ：调整视频素材的色调、饱和度、亮度、对比度和 Gamma。还可以调整视频或图像素材的白平衡，或者进行自动色调调整。

"回放速度"按钮 ：启动"回放速度"对话框，在该对话框中，可以调整素材的速度。

"反转视频"复选框：勾选此复选框，视频从后向前播放。

"抓拍快照"按钮 ：将当前帧保存为新的照片文件，并将其放置在"照片库"中。

"分割音频"按钮 ：可用于分割视频文件中的音频，并将其放置在"声音轨"上。

"按场景分割"按钮 ：根据拍摄日期和时间，或者视频内容的变化（即画面变化、镜头转换、亮度变化等），对捕获的 DV AVI 文件进行分割。

"多重修整视频"按钮 ：将一个视频分割成多个片段的另一种方法。"按场景分割"由程序自动完成，而使用"多重修整视频"按钮则可以完全控制要提取的素材，使项目管理更为方便。

7. 图像素材的选项面板

单击时间轴上的任意一个图像素材，选项面板转换为"照片"面板，如图 3-32 所示。

图 3-32

"照片区间"选项 ：设置所选图像素材的区间。

"将照片逆时针旋转 90 度"按钮 和"将照片顺时针旋转 90 度"按钮 ：对素材进行逆时针或顺时针旋转，每次旋转 90 度。

"色彩校正"按钮 ：调整图像的色调、饱和度、亮度、对比度和 Gamma。您还可以调整视频或图像素材的白平衡，或者进行自动色调调整。

"重新采样选项"：设置图像大小的调整方式。

"摇动和缩放"单选项：向当前图像应用摇动和缩放效果。

"预设值"选项：提供各种"摇动和缩放"预设值。在下拉列表中选择一个预设值。

"自定义"按钮 ：定义摇动和缩放当前图像的方式。

8. 色彩素材的选项面板

单击时间轴上的任意一个色彩文件，选项面板转换为"色彩"面板，如图 3-33 所示。

"色彩区间"选项 ：设置所选色彩素材的区间。

"色彩选取器"颜色块：单击色块可调整色彩。

图 3-33

9. 属性选项面板

单击"属性"选项卡，转换到"属性"面板，如图 3-34 所示。

图 3-34

"替换上一个滤镜"复选框：将新滤镜拖到素材上时，替换该素材所用的上一个滤镜。如果要向素材添加多个滤镜，请清除此选项。

"已用滤镜"列表框：列出素材所用的视频滤镜。单击"上移滤镜"按钮或"下移滤镜"按钮可排列滤镜的顺序；单击"删除滤镜"按钮可删除滤镜。

"预设值"选项：提供各种滤镜预设值。在下拉列表中选择一个预设值。

"自定义滤镜"按钮 ：定义滤镜在素材中的转场方式。

"变形素材"复选框：修改素材的大小和比例。

"显示网格线"复选框：勾选此复选框可显示网格线。单击"网格线选项"按钮 可打开一个对话框，在该对话框中，可以指定网格线的设置。

3.1.4 【实战演练】——制作添加单色素材

使用"色彩"素材库中的"添加"按钮创建新的色彩素材。使用"插入视频"命令为故事板插入素材。（最终效果参看光盘中的"Ch03 > 制作添加单色素材 > 制作添加单色素材.VSP"，如图 3-35 所示。）

图 3-35

3.2 制作慢动作和快动作效果

3.2.1 【操作目的】

使用"插入视频"命令为时间轴插入素材。使用"回放速度"命令设置视频素材的播放速度。（最终效果参看光盘中的"Ch03 > 制作慢动作和快动作效果 > 制作慢动作和快动作效果.VSP"，如图 3-36 所示。）

图 3-36

3.2.2 【操作步骤】

步骤 1 启动会声会影，在启动面板中选择"高级编辑"模式，如图 3-37 所示，进入高级编辑模式操作界面。

步骤 2 选择"文件 > 将媒体文件插入到时间轴 > 插入视频"命令，在弹出的"打开视频文件夹"对话框中选择光盘目录下"Ch03 > 素材 > 制作慢动作和快动作效果 > 01、02"文件，单击"打开"按钮，所选中的视频素材被插入到故事板中，效果如图 3-38 所示。

图 3-37

图 3-38

步骤 3 在故事板中双击"01"文件，如图 3-39 所示，单击"属性"选项卡面板中的"回放速度"按钮，在弹出的"回放速度"对话框中进行设置，如图 3-40 所示，单击"确定"按钮，"01"文件的区间更改为 15s，播放时间延长，速度变慢，如图 3-41 所示。

图 3-39

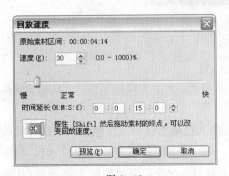

图 3-40

图 3-41

步骤 4 在故事板中双击"02"文件，单击"属性"选项卡面板中的"回放速度"按钮 ▦ ，在弹出的"回放速度"对话框中进行设置，如图 3-42 所示，单击"确定"按钮，"02"文件的区间更改为 2s，播放时间缩短，速度变快，如图 3-43 所示。

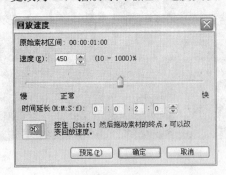

图 3-42

图 3-43

步骤 5 单击导览面板中的"项目"模式，单击"播放"按钮 ▶ ，预览效果，如图 3-44 所示。

图 3-44

3.2.3　【相关工具】

1.　调整素材

◎　调整视频素材的播放时间

在故事板上选中需要调整的视频素材，选项面板中的"区间"显示视频素材的播放时间，如图 3-45 所示。

图 3-45

在要修改的时间上单击鼠标，使其它处于闪烁状态，单击右侧的微调按钮或输入数值，则可以使区间的时间码更改为 6s，如图 3-46 所示。

图 3-46

◎ **调整视频素材的播放速度**

修改视频的回放速度。将视频设置为慢动作,可以强调动作或设置快速的播放速度,为影片营造滑稽的气氛。

在故事板上选中需要调整播放速度的视频素材,如图 3-47 所示。单击选项面板中的"回放速度"按钮 ,弹出如图 3-48 所示的"回放速度"对话框。

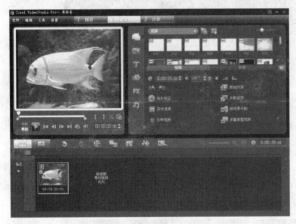

图 3-47

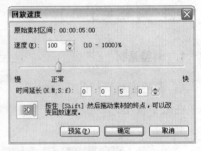

图 3-48

在"速度"对话框中输入小于 100%的数值(值的范围为 10 % 到 1 000%)或者将滑块向"慢"拖动,即可将播放速度变慢;在"速度"对话框中输入大于100%的值或将滑块向"快"拖动,即可将播放速度变快。

单击"预览"按钮查看设置的效果,如图 3-49 所示,完成时单击"确定"按钮。

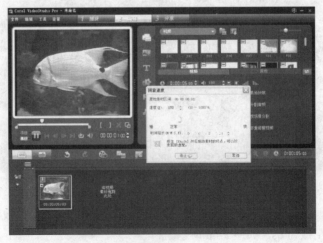

图 3-49

提 示 按住<Shift>键，在时间轴视图上，当光标变为白色，拖动素材的终止处，可以改变回放速度。

◎ **调整视频素材的音量**

在会声会影软件中编辑视频时，为了使视频与背景音乐相配合，就需要将视频素材音量进行调整。在故事板中选择需要调整声音的视频素材，在"素材音量"文本框中直接输入数值（值的范围为 0 到 500），调整音量的大小；或者单击"素材音量"选项右侧的按钮，在弹出的调节框中拖动滑块进行调整，此时，文本框中的数值也会随之发生改变，如图 3-50 所示。

图 3-50

如果需要消除静音，则单击选项面板中的"静音"按钮 ，完全消除素材里的声音。

单击选项面板中的"淡入"按钮 ，素材起始部分的音量从零开始逐渐增加到正常水平。单击选项面板中的"淡出"按钮 ，素材起始部分的音量从正常水平开始逐渐减小到零，如图 3-51 所示。

从零开始逐渐增加到正常水平

从正常水平开始逐渐减小到零

图 3-51

2. 修整素材

◎ 使用飞梭栏修整视频素材

在视频轨上选中需要修整的素材，预览窗口中显示素材的内容。同时在选项面板上显示素材的播放时间，如图 3-52 所示。

图 3-52

拖动飞梭栏上的擦洗器![]或者单击导览面板中的"播放"按钮![]播放所选的视频素材，在预览窗口中显示需要修剪的起始帧的大致位置，然后单击"上一帧"按钮![]或"下一帧"按钮![]，进行精确的定位，如图 3-53 所示。

确定起始帧的位置后，单击"开始标记"按钮![]或按<F3>键，将当前的位置设置为开始标记，如图 3-54 所示。

图 3-53　　　　　　　　　　　　　　图 3-54

单击导览面板中的"播放"按钮![]或拖动飞梭栏上的擦洗器![]，在预览窗口中显示要修剪的结束帧的大致位置，然后单击"上一帧"按钮![]或"下一帧"按钮![]，进行精确的定位，如图 3-55 所示。

确定结束帧的位置后，单击"结束标记"按钮![]或按<F4>键，将当前位置设置为结束标记点，如图 3-56 所示。

图 3-55

图 3-56

提 示 修整完成后，飞梭栏上以白色显示保留的视频区域。

◎ **使用缩略图修整素材**

单击"时间轴"面板中的"时间轴视图"按钮 ，切换到时间轴视图，如图 3-57 所示。

按<F6>键，在弹出的"参数选项"对话框中选择"常规"选项卡的"素材显示模式"选项的下拉列表中选择"仅缩图"选项，如图 3-58 所示，单击"确定"按钮，在视频轨上以缩略图方式显示素材，效果如图 3-59 所示。

选中视频轨上的素材，选中的视频素材两端以黄色标记显示，在这段视频中，需要删除头部和尾部的一些内容，如图 3-60 所示。

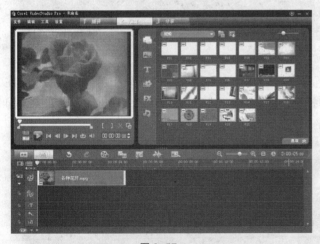

图 3-57

图 3-58

图 3-59

图 3-60

在左侧的黄色标记上，按住鼠标向右拖曳到需要修整的位置，如图 3-61 所示，释放鼠标，黄色标记被移动到了新的位置，如图 3-62 所示。

图 3-61   图 3-62

单击"时间轴"面板上方的"放大"按钮，将时间轴上的缩略图放大，在左侧的黄色标记上按住鼠标并拖曳，将其拖曳到需要精确修整的位置，释放鼠标完成开始部分的修整，效果如图 3-63 所示。

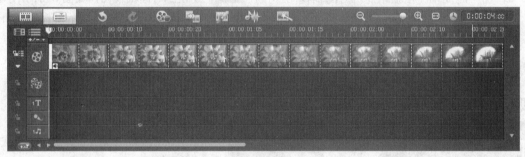

图 3-63

单击视频轨上方的"将项目调整到时间轴窗口大小"按钮，将视频轨上需要调整的素材在窗口中完全显示出来，从视频的尾部向右拖曳，用上面的修整方法修整视频素材，效果如图 3-64 所示。

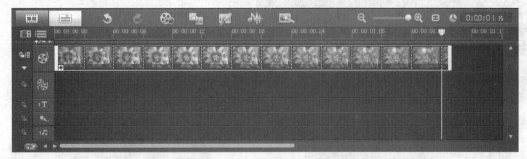

图 3-64

◎ **按场景进行分割**

视频文件通常会包含多个不同场景的片段，编辑时需要把它们分割出来，会声会影中的"按场景分割"功能可以根据录制的时间、内容的变化自动将视频文件分割成不同的场景片段。在故事板中选中需要分割场景的视频素材，如图 3-65 所示。

图 3-65

单击选项面板中的"按场景分割"按钮 ，弹出"场景"对话框，单击"扫描方法"选项后面的下拉列表，在下拉列表中选择检测场景的方式，有两种方式可供选择："DV 录制时间扫描"选项和"帧内容"选项。

"DV 录制时间扫描"选项：指按照拍摄日期和时间检测场景。

"帧内容"选项：指按检测场景的变化（如：动画改变、镜头切换、亮度变化等）检测场景。

在选项的下拉列表中选择"帧内容"选项，如图 3-66 所示。

图 3-66

在"场景"对话框中单击"选项"按钮，弹出"场景扫描敏感度"对话框，在对话框中拖动滑块设置"敏感度"的值，如图 3-67 所示，此值越高，场景检测越精确，设置完成后，单击"确定"按钮，单击"扫描"按钮，会声会影开始扫描分割视频场景，效果如图 3-68 所示。

图 3-67　　　　　　　　　　　　　　　　　　　　图 3-68

分割后的场景通常会比较细碎，需要再进行合并工作。选择 3 号场景，单击"链接"按钮，将 3 号场景和 2 号场景链接到一起，如图 3-69 所示。

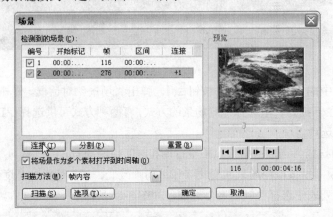

图 3-69

如果想撤销该操作，则单击"分割"按钮，便撤销了链接的操作，而不需要再次扫描一次，完成设置后，单击"确定"按钮，分割的场景素材出现在时间轴中，如图 3-70 所示。

图 3-70

◎ **多重修整素材**

　　会声会影提供了多重修整视频的功能，可以一次将视频分割成多个片段，让用户完整地控制要提取的素材，更方便地管理项目。

　　在视频轨上选择要修整的素材，单击"多重修整视频"按钮，弹出"多重修整视频"对话框，拖动飞梭栏上的擦洗器到第一个视频片段的起始位置，单击"设置开始标记"按钮，如图 3-71 所示。

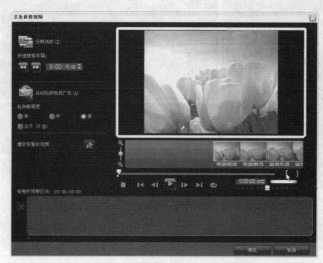

图 3-71

　　再次拖动飞梭栏上的擦洗器到第一个视频片段的终止位置，单击"设置结束标记"按钮，剪出的视频自动添加到"修整的视频区间"面板中，如图 3-72 所示。

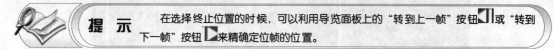

提 示　在选择终止位置的时候，可以利用导览面板上的"转到上一帧"按钮或"转到下一帧"按钮来精确定位帧的位置。

　　可以单击"向前搜索"按钮或"向后搜索"按钮来一次性地向前或向后退一段时间，具体的时间可以单击"快速搜索间隔"中的按钮进行调节，如图 3-73 所示。

图 3-72

图 3-73

拖动飞梭栏上的擦洗器 到视频片段的起始位置，单击"设置结束标记"按钮 ，然后单击"向前搜索"按钮 ，可以看到预览窗口的飞梭栏自动移动位置，如图 3-74 所示，再次单击"设置结束标记"按钮 ，剪出的视频自动添加到"修剪的视频区间"面板中，如图 3-75 所示。

图 3-74

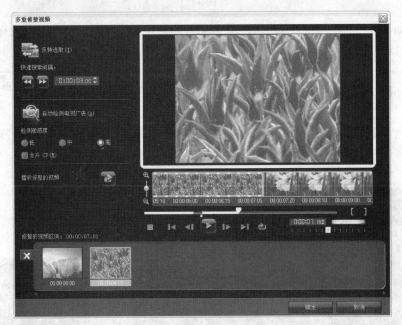

图 3-75

重复上面的操作步骤，修剪出素材中需要的视频片段，若要删除其中的某一段，则选取该片段，单击"删除所选素材"按钮 即可，如图 3-76 所示。

图 3-76

单击"确定"按钮，剪辑的所有视频片段显示在时间轴面板中，原来视频中不需要的画面都被删除了，效果如图 3-77 所示。

图 3-77

3. 编辑素材

会声会影提供了专业的色彩校正功能，可以很轻松地针对过暗或偏色的影片进行校正，也能够将影片调整成具有艺术效果的色彩。将视频素材和图像添加到时间轴面板中，所有的素材都会按照在影片中的播放秩序排列，如果觉得一些素材的顺序不符合要求，可以随意改变素材的前后顺序。会声会影支持对视频或图像进行变形处理，通过这些功能可以制作画面的透视和立体效果。

◎ 视频色彩校正

在时间轴中选取需要调整的视频素材，单击选项面板中的"色彩校正"按钮 ，在弹出的如图 3-78 所示的选项面板中可以校正图像和视频的色调及对比度。

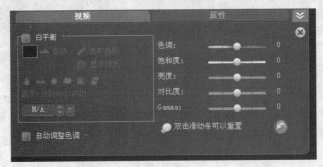

图 3-78

"色调"选项：调整画面的颜色，拖动滑块，色彩会按着色相环改变。

"饱和度"选项：调整视频的色彩浓度。向左拖动滑块色彩浓度降低，向右拖动滑块变得鲜艳。

"亮度"选项：调整视频的明暗度。向左拖动滑块画面变暗，向右拖动滑块画面变亮。

"对比度"选项：调整视频的明暗对比度。向左拖动滑块对比度减小，向右拖动滑块对比度增强。

"Gamma"选项：调整视频的明暗平衡。

◎ 调整白平衡

在时间轴面板中选取需要调整的视频素材，单击选项面板中的"色彩校正"按钮 ，在弹出的"视频"选项面板中勾选"白平衡"复选框，由程序自动校正白平衡，如图 3-79 所示。

图 3-79

单击"选取色彩"按钮 ，在视频素材上单击鼠标，使用程序以此为标准进行色彩校正，勾选"显示预览"复选框，以便于比较校正前后的效果，如图 3-80 所示。

图 3-80

"场景模式"：选项面板上的钨光 ▦、荧光 ▦、日光 ▦、云彩 ▦、阴影 ▦ 和阴暗 ▦ 场景，在选项面板上单击相应的按钮，将以此为依据进行智能白平衡校正，如图 3-81 所示。

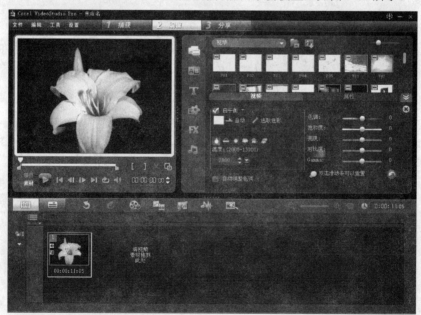

图 3-81

"温度"：选项面板中的温度。色温是指光波在不同的能量下，人类的眼睛感受的颜色变化。将色温调整到环境光源数值时，程序也会根据此值校正画面色彩，如图 3-82 所示。

图 3-82

"自动调整色调"复选框：勾选此复选框，调整画面的明暗，单击右侧的三角形按钮，在弹出的下拉列表中可以选择"最亮"、"较亮"、"一般"、"较暗"、"最暗"选项，如图 3-83 所示。

图 3-83

◎ 调整素材的顺序

在需要调整顺序的素材上按住并拖曳鼠标到希望的位置，此时拖动的位置处显示一条竖线，表示素材将要放置的位置，如图 3-84 所示。释放鼠标，选中的素材将会放置在鼠标释放的位置，效果如图 3-85 所示。

图 3-84　　　　　　　　　　　　　　　　　　　　图 3-85

◎ 翻转视频素材

在时间轴面板中选择视频素材，勾选"反转视频"复选框，如图 3-86 所示，将视频反向播放，建立有趣的视觉效果，如图 3-87 所示。

图 3-86　　　　　　　　　　　　　　　　图 3-87

◎ 剪切多余的视频内容

在会声会影中，可对视频素材进行相应的剪辑。例如，去除头尾多余部分、去除中间多余部分等。

① 去除头尾多余部分

从 DV 摄像机中捕获视频后，经常需要去除头部和尾部多余的内容。

单击故事板上方的"时间轴视图"按钮 ，切换到时间轴视图，选择需要剪辑的视频素材，选中的视频素材两端以黄色显示，如图 3-88 所示。

图 3-88

将鼠标指针置于选择的视频素材的左侧标记处，当鼠标指针变为双向箭头 ↔ 时，单击鼠标并向右拖曳，如图 3-89 所示。移到需要的位置后，释放鼠标，此时，时间轴上将保留一些需要去除的内容，如图 3-90 所示。

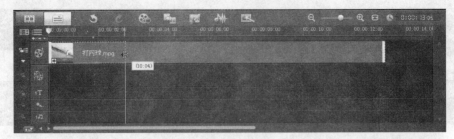

图 3-89

图 3-90

在左侧的黄色标记上再次单击鼠标并向右拖曳，将其调整到需要精确剪辑的位置，如图 3-91 所示，然后释放鼠标，此时即可完成开始部分的剪辑操作，如图 3-92 所示。

图 3-91

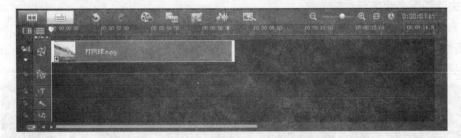

图 3-92

② **去除中间多余部分**

如果捕获的 DV 带中间某个部分的效果很差，例如，当画面模糊不清时，或者是有不需要的内容，在会声会影中，可去除这些多余的部分。

在故事板的视图中选择需要剪辑的视频素材，在预览窗口中拖动飞梭栏擦洗器，找到需要剪辑的位置，单击"上一帧"按钮和"下一帧"按钮精确定位，如图 3-93 所示。

单击预览窗口下方的"分割素材"按钮，将该视频素材分割成两段素材，在故事板中单击"时间轴视图"按钮，切换到时间轴视图。此时，时间轴中可清晰地看到素材剪辑后的效果，如图 3-94 所示。

图 3-93

图 3-94

选择剪辑后的一段视频素材，按照前面的介绍方法再次定位剪辑，以剪辑其他视频，如图 3-95 所示。

图 3-95

在视频轨上选择不需要的视频片段，按<Delete>键，即可将其删除，如图 3-96 所示。

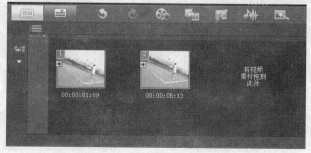

图 3-96

◎ 调整素材的大小和形状

在时间轴面板中选择视频素材，选择"属性"面板，勾选"素材变形"复选框，在预览窗口中显示可以调整的控制点，如图 3-97 所示。

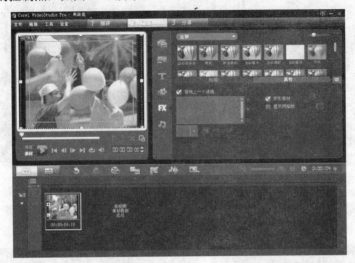

图 3-97

将光标移至边框内部，当光标呈四方箭头状时按住鼠标向左下方拖曳，可以改变视频在屏幕中的位置，如图 3-98 所示。拖曳右上角黄色制作点可以按比例调整素材的大小，如图 3-99 所示。

图 3-98   图 3-99

向上拖曳边上的黄色控制点可以不按比例调整大小，效果如图 3-100 所示。向左下方拖曳右上角的绿色控制点可以使素材倾斜，如图 3-101 所示。

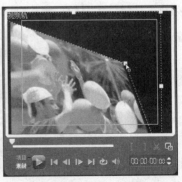

图 3-100   图 3-101

◎ **摇动和缩放图像素材**

会声会影的摇动和缩放可以让静态的图像变得具有动感。

在故事板上选择图像素材,在选项卡面板中勾选"摇动和缩放"单选项,如图 3-102 所示。

图 3-102

单击"预设"右侧的三角形按钮,在弹出的下拉列表中选择摇动和缩放的类型,如图 3-103 所示。

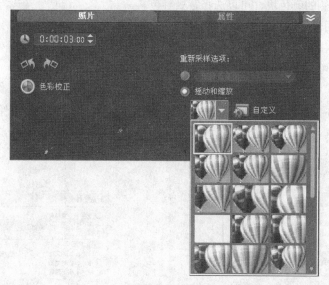

图 3-103

单击"自定义"按钮，弹出"摇动和缩放"对话框，预览窗口中的矩形框表示画面的大小，而十字标记 则表明镜头聚焦的中心点，如图 3-104 所示。

图 3-104

"原图":拖曳选取框上面的黄色控制点,可以控制画面的缩放率,放大主题。拖动十字标记十,改变聚集的中心点。

"网格线"复选框:勾选此复选框,在原图画面显示网格线,以便于精确定位。

"网格线大小"选项:拖动滑块可以调整显示网格的尺寸。

"靠近网格"复选框:勾选此复选框,使选取框贴齐网格。

"无动摇"复选框:要放大或缩小固定区域而不动摇图像。

"停靠"选项:单击相应的按钮,可以以固定的位置移动图像窗口中的选取框。

"缩放率"选项:调整画面的缩放比率,与拖动选取框的控制点的作用相同。

"透明度"选项:如果要应用淡入或淡出效果,则增加对话框中的数值,图像将淡化到背景色。单击"背景色"右侧的颜色块,可以选择背景颜色。

◎ 截取静态图像

在影片编辑中往往会用到一些静态图像素材,用于制作诸如视觉暂停等效果。如果需要影片中的某一个画面,可以将这一帧画面保存为静态图像。

选择"设置 > 参数选择"命令,弹出"参数选择"对话框,单击"工作文件夹"选项右侧的按钮，如图 3-105 所示,在弹出的"浏览文件夹"对话框中选择保存图像的路径,如图 3-106所示。

图 3-105

图 3-106

单击"确定"按钮，返回到"参数选择"对话框中，选择"捕获"选项卡，切换至相应的面板，在"捕获格式"选项下拉列表中选择"JPEG"选项，将"捕获质量"选项设为 100，如图 3-107 所示，单击"确定"按钮。

图 3-107

将视频素材插入到故事板中，单击"视频"选项卡面板中的"抓拍快照"按钮 ，程序将自动切换到素材库的中的"照片"素材库，并显示保存为静态的图像，如图 3-108 所示。

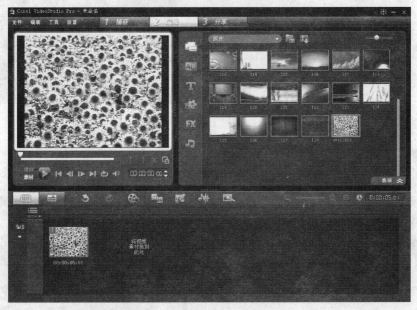

图 3-108

3.2.4　【实战演练】——制作影片倒放效果

使用"插入视频"命令为故事板插入素材。使用"反转视频"命令制作影片倒放效果。（最终效果参看光盘中的"Ch03 > 制作影片的倒放效果 > 制作影片的倒放效果.VSP"，如图 3-109 所示。）

图 3-109

3.3 综合演练——制作按场景分割素材

使用"插入视频"命令为故事板插入素材。使用"按场景分割"命令将素材分割成多段。（最终效果参看光盘中的"Ch03 > 制作按场景分割素材 > 制作按场景分割素材.VSP"，如图 3-110 所示。）

图 3-110

3.4 综合演练——制作删除视频多余的部分

使用"参数选择"命令设置素材的显示模式。使用时间码和"分割素材"按钮剪辑视频素材。（最终效果参看光盘中的"Ch03 > 制作删除视频多余的部分 > 制作删除视频多余的部分.VSP"，效果如图 3-111 所示。）

图 3-111

第4章 视频特效应用

视频滤镜可以将特殊的效果添加到视频和图像中，改变素材文件的外观和样式。滤镜可套用于素材的每一个画面上，并设定开始和结束值，而且还可以控制起始帧和结束帧之间的滤镜强弱与速度。

 课堂学习目标

- 添加与删除视频滤镜
- 常用视频滤镜

4.1 制作镜头闪光效果

4.1.1 【操作目的】

使用"插入视频"命令为故事板插入素材。使用"镜头闪光"滤镜特效制作镜头闪光效果。（最终效果参看光盘中的"Ch04 > 制作镜头闪光果 > 制作镜头闪光效果.VSP"，如图4-1所示。）

图4-1

4.1.2 【操作步骤】

步骤 1 启动会声会影，在启动面板中选择"高级编辑"模式，如图4-2所示，进入高级编辑模式操作界面。

步骤 2 选择"文件 > 将媒体文件插入到时间轴 > 插入视频"命令，在弹出的"打开视频文件夹"对话框中选择光盘目录下"Ch04 > 素材 > 制作镜头闪光果 > 01"文件，单击"打开"按钮，所选中的视频素材被插入到故事板中，效果如图4-3所示。

图 4-2

图 4-3

步骤 3 单击素材库面板中的"滤镜"按钮 **FX**，切换到滤镜素材库，选择"镜头闪光"滤镜并将其添加到故事板中的"01"视频素材上，释放鼠标，视频滤镜被应用到素材上，效果如图 4-4 所示。

图 4-4

步骤 4 在素材库右下方单击"选项"按钮 **选项**，展开"镜头闪光"属性，单击"预设"右侧的三角形按钮，在弹出的面板中选择需要的预设类型，如图 4-5 所示，在预览窗口中效果如图 4-6 所示。

图 4-5

图 4-6

步骤 5 单击"属性"面板中的"自定义视频滤镜属性"按钮 , 在弹出的"镜头闪光"对话框中, 将"亮度"选项设为 90, "大小"选项设为 35, 如图 4-7 所示。单击"转到下一个关键帧"按钮 , 移到下一个关键帧处, 将"亮度"选项设为 49, 如图 4-8 所示, 单击"确定"按钮完成设置。

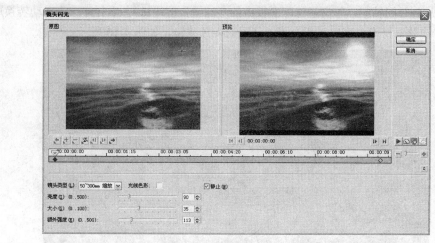

图 4-7

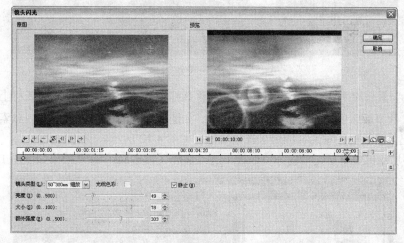

图 4-8

步骤 6 单击导览面板中的"播放"按钮 , 预览滤镜效果, 如图 4-9 所示。

图 4-9

4.1.3 【相关工具】

1. 添加视频滤镜

将素材添加到时间轴中，单击素材库面板中的"滤镜"按钮[FX]，素材库中将自动转换成"滤镜"素材库，在该素材库中列出了所有可以使用的视频滤镜，如图 4-10 所示。

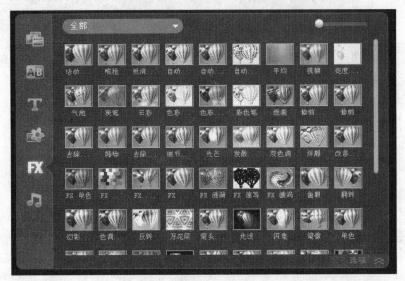

图 4-10

在"滤镜"素材库中选择"肖像画"滤镜，将其拖曳到故事板中要应用的素材上，此时鼠标指针呈状，故事板中的素材将以反色状态显示，如图 4-11 所示。释放鼠标，视频素材的缩略图上有一个标记，表示已经对素材应用了视频滤镜，如图 4-12 所示。

为视频添加滤镜效果后，单击导览面板中的"播放"按钮[▶]，预览效果如图 4-13 所示。

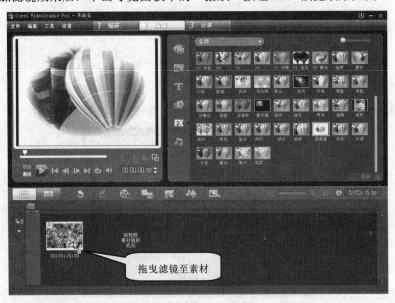

图 4-11

图 4-12

图 4-13

2. 删除视频滤镜

在"属性"面板中，选择滤镜列表框中要删除的视频滤镜，如图 4-14 所示。单击列表框右侧的"删除滤镜"按钮，即可将所选择的滤镜删除，效果如图 4-15 所示。

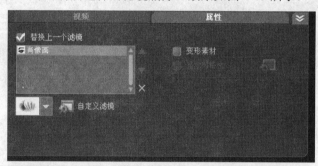

图 4-14

图 4-15

3. 替换视频滤镜

在视频轨中选择已经添加的视频滤镜素材，在"属性"面板中勾选"替换上一个滤镜"复选框，如图 4-16 所示，在"视频滤镜"素材库中选择"万花筒"滤镜，将其拖曳到视频轨中的视频素材上，在滤镜列表框中，新添加的滤镜效果替换了之前的视频滤镜效果，如图 4-17 所示。

单击导览面板中的"播放"按钮，在预览窗口中观看新添加的视频滤镜效果，如图 4-18 所示。

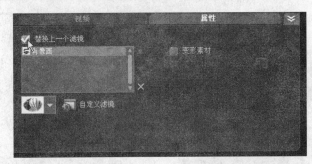

图 4-16

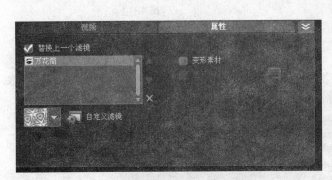

图 4-17

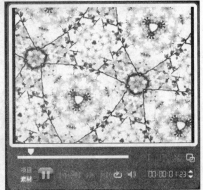

图 4-18

提 示　取消勾选"替换上一个滤镜"复选框，可以在素材上应用多个滤镜。会声会影最多允许一个素材上应用 5 个视频滤镜，如图 4-19 所示。

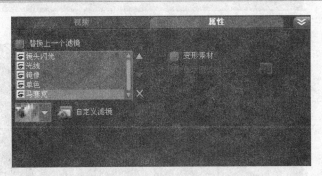

图 4-19

4. 设置视频特效

为视频素材添加视频滤镜后，系统会自动为所添加的视频滤镜效果指定一种预设模式。当系统所指定的滤镜预设模式制作的画面效果不能达到所需要的效果时，可以重新为所使用的滤镜效果指定预设模式或自定义滤镜效果，从而制作出更加精彩的画面效果。

◎ 选择预设的视频滤镜

为视频素材添加视频滤镜后，系统会自动为所添加的视频滤镜效果提供多个预设的滤镜模式。当系统所指定的滤镜预设模式制作画面效果不能达到所需要的效果时，可以重新为滤镜效果指定预设模式，从而制作精美的画面效果。

在"属性"面板的滤镜列表框中，单击选取一个滤镜，单击"预设"右侧的三角形按钮▼，在弹出的下拉列表中选择预设类型，它们都以动画的形式表示在列表框中，可以清楚地看到不同的预设效果，如图 4-20 所示。

在预览窗口中可以看到为滤镜效果所选择的预设模式画面，效果如图 4-21 所示。

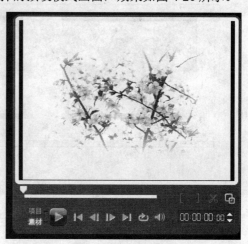

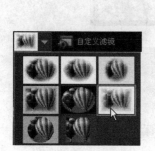

图 4-20　　　　　　　　　　　　　　　　　图 4-21

◎ **自定义视频滤镜**

为了使制作的视频滤镜效果更加丰富，可以自定义视频滤镜，通过设置视频滤镜效果的某些参数，从而制作精美的画面效果。会声会影允许用多种方式自定义视频滤镜，单击"自定义视频滤镜属性"按钮 ，在弹出的对话框中可以自定义滤镜属性，会声会影编辑器允许在素材上添加关键帧，以便更加灵活地调整滤镜效果。

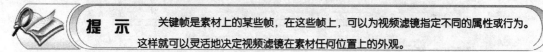

提 示　关键帧是素材上的某些帧，在这些帧上，可以为视频滤镜指定不同的属性或行为。这样就可以灵活地决定视频滤镜在素材任何位置上的外观。

将视频滤镜从素材库拖放到"故事板"中的素材上。单击选项面板中的"自定义视频滤镜属性"按钮 ，打开当前应用的滤镜设置对话框，如图 4-22 所示。

图 4-22

拖动滑块或单击两端的箭头按钮到需要调整关键帧的位置，如图 4-23 所示。单击"添加关键帧"按钮 ，时间轴控制栏上面显示一个红色的菱形标记，表明此帧是素材中的一个关键帧，如图 4-24 所示。

图 4-23

图 4-24

"原图"：该区域显示的是图像在未应用视频滤镜效果之前的效果。

"预览"：该区域显示的是图像应用视频滤镜效果之后的效果。

"添加关键帧"按钮 ：单击该按钮，可以将当前帧设置为关键帧。

"删除关键帧"按钮 ：单击该按钮，可以删除已经存在的关键帧。

"翻转关键帧"按钮 ：单击该按钮，可以翻转时间轴中关键帧的顺序。视频序列将从终止关键帧开始，到起始关键帧结束。

"将关键帧向左移"按钮：单击该按钮，可将当前关键帧向左移动 1 帧。

"将关键帧向右移"按钮：单击该按钮，可将当前关键帧向右移动 1 帧。

"转到下一个关键帧"按钮 ：移动到下一个关键帧。

"转到上一个关键帧"按钮 ：移动到所选关键帧的上一个关键帧。

"播放"按钮 ：单击该按钮，播放视频素材。

"播放速度"按钮 ：单击该按钮，从弹出的菜单中可以选择"正常"、"快"、"更快"、"最快"命令，如图 4-25 所示，以控制预览画面的播放速成度。

　　"启用设备"按钮 ：单击该按钮，将启用指定的预览设备。

　　"更换设备"按钮 ：单击该按钮，在弹出的如图 4-26 所示的对话框中可以指定其他的回放设备，用以查看添加滤镜后的效果。

图 4-25　　　　　　　　　　　　　　　图 4-26

4.1.4　【实战演练】——制作草绘效果

　　使用"插入视频"命令为故事板插入素材。使用"旋转草绘"滤镜特效制作草绘效果。（最终效果参看光盘中的"Ch04 > 制作草绘效果 > 制作草绘效果.VSP"，如图 4-27 所示。）

图 4-27

4.2　制作色彩平衡效果

4.2.1　【操作目的】

　　使用"插入视频"命令为故事板插入素材。使用"色彩平衡"滤镜调整视频素材色调效果。（最终效果参看光盘中的"Ch04 > 制作色彩平衡效果 > 制作色彩平衡效果.VSP"，如图 4-28 所示。）

图 4-28

4.2.2 【操作步骤】

步骤 1 启动会声会影，在启动面板中选择"高级编辑"模式，如图 4-29 所示，进入高级编辑模式操作界面。

图 4-29

步骤 2 选择"文件 > 将媒体文件插入到时间轴 > 插入视频"命令，在弹出的"打开视频文件夹"对话框中选择光盘目录下"Ch04 > 素材 > 制作色彩平衡 > 01"文件，单击"打开"按钮，所选中的视频素材被插入到故事板中，效果如图 4-30 所示。

步骤 3 单击素材库面板中的"滤镜"按钮 FX，切换到滤镜素材库，选择"色彩平衡"滤镜并将其添加到故事板中的"01"视频素材上，释放鼠标，视频滤镜被应用到素材上，效果如图 4-31 所示。

图 4-30

图 4-31

步骤 4 在素材库右下方单击"选项"按钮 选项 ，展开"色彩平衡"属性，单击"属性"面板中的"自定义视频滤镜属性"按钮 ，在弹出的"镜头闪光"对话框中进行设置，如图 4-32 所示。

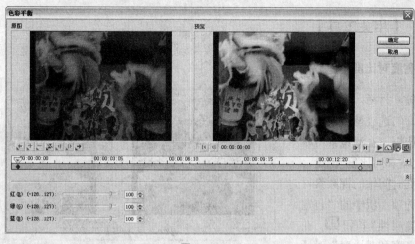

图 4-32

步骤 5 单击"转到下一个关键帧"按钮 ，移到下一个关键帧处，其他选项的设置如图 4-33 所示，单击"确定"按钮。

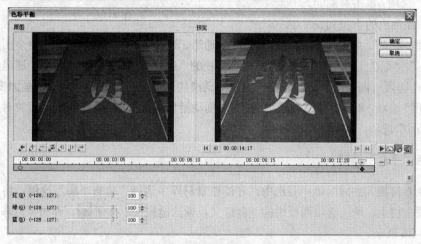

图 4-33

步骤 6 单击导览面板中的"播放"按钮 ，预览滤镜效果，如图 4-34 所示。

图 4-34

4.2.3 【相关工具】

1. "亮度对比度"滤镜

将视频素材插入到时间轴中并选中，勾选"替换上一个滤镜"复选框，在滤镜素材库中选择"亮度和对比度"滤镜，将其拖曳到时间轴的视频素材上。单击选项面板中的"自定义视频滤镜属性"按钮，在弹出的"亮度和对比度"对话框中可以调整自定义视频亮度和对比，如图 4-35 所示。

图 4-35

"通道"选项：单击右侧的下拉按钮，在弹出的下拉列表中可以选择"主要"、"红色"、"绿色"、"蓝色"通道。选择"主要"通道，可以对全图进行调整，选择"红色"、"绿色"或"蓝色"通道，则对单独的"红色"、"绿色"或"蓝色"通道进行调整。

"亮度"选项：调整图像的明暗度。向左拖动滑块画面变暗，向右拖动滑块画面变亮。

"对比度"选项：调整图像的明暗对比。向左拖动滑块对比度减小，向右拖动滑块对比度增强。

"Gamma"选项：调整图像的明暗平衡。

2. "色彩平衡"滤镜

将视频素材插入到时间轴中并选中，在滤镜素材库中选择"色彩平衡"滤镜，将其拖曳到时间轴的视频素材上。单击选项面板中的"自定义视频滤镜属性"按钮，弹出"色彩平衡"对话框，如图 4-36 所示。

图 4-36

"红"选项：向左拖动滑块增强图像中的青色，向右拖动滑块增强图像中的红色。

"绿"选项：向左拖动滑块增强图像中的洋红色，向右拖动滑块增强图像中的绿色。

"蓝"选项：向左拖动滑块增强图像中的黄色，向右拖动滑块增强图像中的蓝色。

3. "气泡"滤镜

将视频素材插入到时间轴中并选中，在滤镜素材库中选择"气泡"滤镜，将其拖曳到时间轴的视频素材上。单击"预设"右侧的三角形按钮█，在弹出的面板中选择需要的预设类型，如图4-37所示。

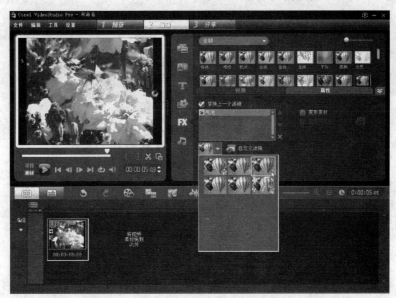

图4-37

单击"属性"面板中的"自定义视频滤镜属性"按钮█，弹出"气泡"对话框，在对话框中有两个选项："基本"和"高级"选项卡，如图4-38所示。

"气泡"滤镜是用于视频画面上添加流动的气泡效果。

◎ 单击"基本"标签，切换至"基本"选项卡。在"颗粒属性"控制区有3个颜色选择框和6个状态条，即"外部"、"边界"、"主体"、"聚光"、"方向"、"高度"。

"颜色方块"：右侧的颜色方块用于设置气泡高光、主体以及暗部的颜色。

"外部"选项：控制外部光线。

"边界"选项：设置边缘或边框的色彩。

"主体"选项：设置内部或主体的色彩。

"聚光"选项：设置聚光的强度。

"方向"选项：设置光线照射的角度。

"高度"选项：调整光源相对于斜轴的高度。

在"效果控制"区中有4个可以拖动调节的状态条，即"密度"、"大小"、"变化"和"反射"。

"密度"选项：控制气泡的数量。

"大小"选项：设置最大的气泡尺寸。

"变化"选项：控制气泡大小的变化。

"反射"选项：调整强光在气泡表面的反射方式。

◎单击"高级"标签，切换至"高级"选项卡，在"高级"选项卡中可以设置气泡的一些属性，运动的类型包括"方向"和"发散"选项，如图 4-39 所示。勾选"方向"单选按钮，气泡按指定的方向运动；勾选"发散"单选按钮，气泡从中央区域向外发散运动。

"速度"选项：控制气泡的移动角度。

"移动方向"选项：指定气泡的移动角度。

"湍流"选项：制作气泡从移动方向上偏离的变化程度。

"区间"选项：为每个气泡指定动画周期。

"调整大小类型"选项：用于指定发散时气泡大小的变化。

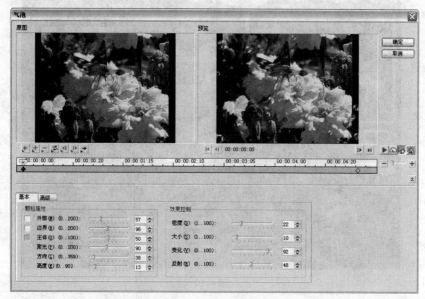

图 4-38

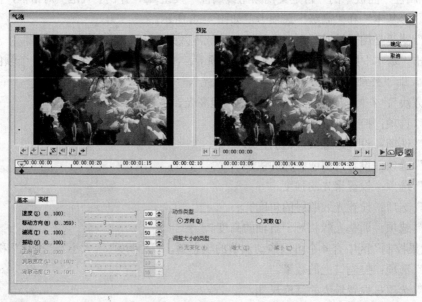

图 4-39

4. "云彩"滤镜

　　将视频素材插入到时间轴中并选中，在滤镜素材库中选择"云彩"滤镜，将其拖曳到时间轴的视频素材上。单击选项面板中的"自定义视频滤镜属性"按钮 ，弹出"云彩"对话框，在对话框中有两个选项："基本"和"高级"选项卡，如图 4-40 所示。

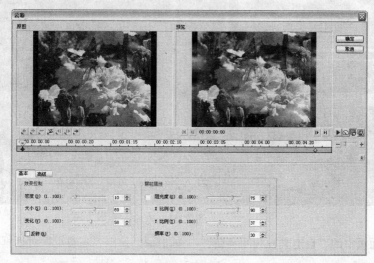

图 4-40

　　◎"云彩"滤镜用于在视频画面上添加流动的云彩效果。单击"基本"标签，切换至"基本"选项卡。"效果控制"区中有 3 个可以拖动调节的状态条和 1 个复选框，即"密度"、"大小"、"变化"和"反转"。

　　"密度"选项：确定云彩的数目。

　　"大小"选项：设置单个云彩大小的上限。

　　"变化"选项：控制云彩大小的变化。

　　"反转"选中该复选框：可以使云彩的透明和非透明区域翻转。

　　◎在"颗粒属性"控制区有 1 个颜色选择框和 4 个状态条，即"阻光度"、"X 比例"、"Y 比例"、"频率"。

　　"颜色方块"：右侧的颜色方块用于设置云彩的颜色。

　　"阻光度"选项：控制云彩的透明度。

　　"X 比例"选项：控制水平方向的平滑度。设置的值越低，图像显得越破碎。

　　"Y 比例"选项：控制垂直方向的平滑度。设置的值越低，图像显得越破碎。

　　"频率"选项：设置破碎云彩或颗粒的数目。设置的值越高，破碎云彩的数量就越多；设置的值越低，云彩就越大越平滑。

　　◎"高级"选项卡中的参数设置参考"气泡"滤镜中的相关参数。

5. "马赛克"滤镜

　　将视频素材插入到时间轴中并选中，在滤镜素材库中选择"马赛克"滤镜，将其拖曳到时间轴的视频素材上。单击"预设"右侧的三角形按钮 █，在弹出的面板中选择需要的预设类型，如图 4-41 所示。

图 4-41

单击选项面板中的"自定义视频滤镜属性"按钮 ，弹出"马赛克"对话框，如图 4-42 所示。

图 4-42

"马赛克"滤镜可以将图像分裂为多个平铺块，并将每个平铺中像素色彩的平均值用作该平铺中所有像素的色彩，制作出马赛克效果。

"宽度"选项：设置像素块的宽度。

"高度"选项：设置像素块的高度。

6. "老电影"滤镜

将视频素材插入到时间轴中并选中，在滤镜素材库中选择"老电影"滤镜，将其拖曳到时间轴的视频素材上。单击"预设"右侧的三角形按钮 ，在弹出的面板中选择需要的预设类型，如图 4-43 所示。

图 4-43

单击选项面板中的"自定义视频滤镜属性"按钮，弹出"老电影"对话框，如图 4-44 所示。

图 4-44

"老电影"滤镜的特点是色彩单一，播放时会出现抖动、刮痕，光线变化也忽明忽暗。

由于老电影在拍摄的时候技术不够成熟，所在镜头往往会有震动，在"老电影"对话框中拖动滑块或直接输入数值，设置镜头晃动效果。

"斑点"选项：设置在画面上出现的斑点的明显程度，数值越大斑点越多越明显。

"刮痕"选项：设置画面上出现的刮痕的数量，数值越大刮痕越多。

"震动"选项：设置画面的晃动程度，数值越大画面抖动越厉害。

中
等
职
业
教
育
数
字
艺
术
类
规
划
教
材

"光线变化"选项：设置画面上光线的明暗变化程度，数值越大明暗越明显。

"替换色彩"颜色块：单击此颜色块，在弹出的"Corel 色彩选取器"对话框中选择底色，这种颜色将成为影片的主色调，如图 4-45 所示，单击"确定"按钮，回到对话框中，如图 4-46 所示。

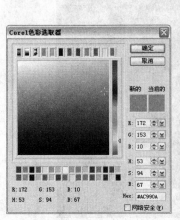

图 4-45   图 4-46

4.2.4 【实战演练】——制作马赛克效果

使用"插入视频"命令为故事板插入素材。使用"马赛克"滤镜特效制作马赛克效果。（最终效果参看光盘中的"Ch04 > 制作马赛克效果 > 制作马赛克效果.VSP"，如图 4-47 所示。）

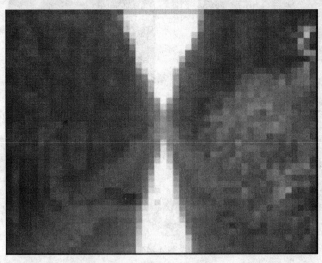

图 4-47

4.3 综合演练——制作油画效果

使用"插入视频"命令为故事板插入素材。使用"油画"滤镜特效制作油画效果。（最终效果参看光盘中的"Ch04 > 制作油画效果 > 制作油画效果.VSP"，如图 4-48 所示。）

图 4-48

4.4 综合演练——制作云雾效果

使用"插入视频"命令为故事板插入素材。使用"云雾"滤镜特效制作云雾效果。（最终效果参看光盘中的"Ch04 > 制作云雾效果 > 制作云雾效果.VSP"，如图 4-49 所示。）

图 4-49

第5章 视频转场的应用

一部影片都是由众多不同的场景组成的，如果直接衔接两个不同人物场景，由于拍摄条件不同，常会给人十分生硬的感觉。在不同的场景之间加入视频特效可以使它们之间的过渡变得自然而且生动有趣，这些视频特效便是转场效果。

 课堂学习目标

- 转场的操作技巧
- 转场的属性设置
- 常用转场特效

5.1 制作转场特效

5.1.1 【操作目的】

使用"插入照片"命令插入素材。使用"参数选择"命令制作自定义转场特效。（最终效果参看光盘中的"Ch05 > 制作转场特效 > 制作转场特效.VSP"，如图5-1所示。）

图5-1

5.1.2 【操作步骤】

步骤 1 启动会声会影，在启动面板中选择"高级编辑"模式，如图5-2所示，进入高级编辑模式操作界面。

步骤 2 选择"设置 > 参数选择"命令，弹出"参数选择"对话框，选择"编辑"选项卡，勾选"自动添加转场效果"复选框，在"默认转场效果"选项的下拉列表中选择"随机"选项，如图5-3所示，单击"确定"按钮完成自定义转场设置。

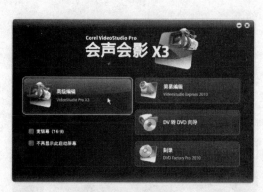

图 5-2

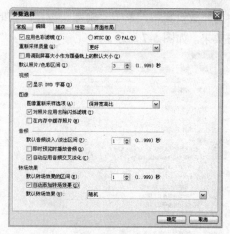

图 5-3

步骤 3　选择"文件 > 将媒体文件插入到时间轴 > 插入照片"命令，在弹出的"打开视频文件夹"对话框中选择光盘目录下"Ch05 > 素材 > 制作转场特效 > 01、02、03、04"文件，单击"打开"按钮，所选中的素材被插入到故事板中，效果如图 5-4 所示。

步骤 4　在预览窗口中单击播放按钮观看效果，如图 5-5 所示。

图 5-4

图 5-5

5.1.3　【相关工具】

1. 自定义转场

会声会影提供了默认转场功能，当用户将素材添加到时间轴面板中时，程序将会自动在两段素材之间添加转场效果。使用预定义的转场效果虽然方便，但是约束太多，不能够很好地控制效果，在会声会影中可以快速地按照自己的意愿添加或删除预设的转场效果，从而实现影片的艺术效果。

选择"设置 > 参数选择"命令或按<F6>键，在弹出的"参数选择"对话框中选择"编辑"选项卡，勾选"自动添加转场效果"复选框，在"默认转场效果"选项的下拉列表中选择"随机"选项或其他选项，如图 5-6 所示。

完成设置后，单击"确定"按钮，在时间轴面板中添加素材时，程序自动在素材之间添加转场效果，如图 5-7 所示。

图 5-6

图 5-7

2. 选择和添加转场

在项目中添加转场效果与添加视频素材很相似，也可以将转场当作一种特殊的视频素材。

在视频轨上添加影片中所需要的素材。这里的素材可以是图像，也可以是视频素材。单击素材库面板中的"转场"按钮 ，切换到转场素材库，单击素材库中的"画廊"按钮，在弹出的列表中选择"三维"选项，此时可在"三维"转场素材库中查看转场效果，如图 5-8 所示。

图 5-8

在素材库中单击鼠标选中一个转场略图，选中的转场将在预览窗口中显示出来，如图 5-9 所示。单击导览面板中的"播放"按钮 ▶，预览转场效果，预览窗口中的 A 和 B 分别代表转场效果所连接的两个素材，如图 5-10 所示。

图 5-9　　　　　　　　　　　　　　　　　图 5-10

将需要添加的转场效果拖曳到故事板上的两个素材之间，即可完成添加转场工作，如图 5-11 所示。

提　示　在插入转场效果时还可以使用另一种方式：双击要插入的转场效果，此效果即可插入到素材中一个没有转场的位置。

图 5-11

3. 应用转场效果

单击素材库面板中的"转场"按钮 ，切换到转场素材库，单击素材库中的"画廊"按钮，在弹出的列表中选择"全部"选项，此时可在"全部"转场素材库中查看所有转场效果，如图 5-12 所示。在素材库中选择一种转场效果，单击"对视频轨应用当前效果"按钮 ，将把当前选中的转场效果应用到当前项目的素材之间，如图 5-13 所示。

图 5-12

图 5-13

提 示 如果当前项目已经应用了转场效果，会弹出如图 5-14 所示的提示对话框。单击"是"按钮，将用随机转场或者指定的转场替换原先的转场效果；单击"否"按钮，则保留原来的转场效果，并在其他素材之间添加转场；单击"取消"按钮，则取消本次操作。

图 5-14

4. 修改转场的属性

如果在视频素材中添加了多个转扬效果，要修改其中一个转场效果，首先需要在视频轨上单击鼠标选择这个转场略图，同时，在选项面板中将显示当前转场效果可以调整的参数，如图 5-15 所示。

"区间"选项：从左到右依次为"时：分：秒：帧"，用来设置选定转场的持续时间。

"边框"选项：设置转场效果的边框宽度，范围是 0~10。

"色彩"选项：设置转场效果边框或两侧的色彩，单击右侧的颜色方块，在弹出的菜单中选择颜色。

"柔化边缘"按钮组：按下相应的按钮，可以指定转场效果和素材的融合程度。柔化边缘使转场效果不明显，从而在素材之间创建平滑的过渡，效果如图 5-16 所示。

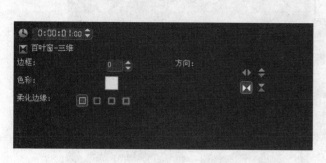

图 5-15

图 5-16

"方向"按钮组：按下相应的按钮，可以指定转场的方向，不同转场的方向选项不同，如图 5-17 所示。

"自定义"按钮：可以自定义转场效果，此选项仅可用于某些转场。

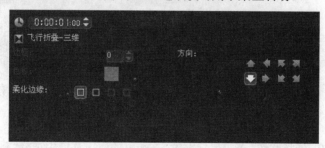

图 5-17

5. 替换和删除转场

◎ 替换转场

在素材库中选择需要替换的转场效果，如图 5-18 所示，将其拖曳到故事板中要更换的转场上，如图 5-19 所示，释放鼠标，指定的转场替换原来的转场效果，如图 5-20 所示。

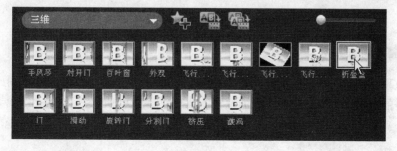

图 5-18

图 5-19

图 5-20

◎ 删除转场

选中故事板中的转场略图，单击鼠标右键，在弹出的快捷菜单中选择"删除"命令或按<Delete>键，如图 5-21 所示，删除所选中的转场略图，效果如图 5-22 所示。

图 5-21

图 5-22

6. 调整转场的位置

选中故事板中的转场略图，按住鼠标将其拖曳到另两段视频素材之间，如图 5-23 所示，释放鼠标，选中的转场效果被移动到指定的位置，效果如图 5-24 所示。

图 5-23　　　　　　　　　　　　　　图 5-24

7. 设置转场的持续时间

转场默认时间的长度为 1s，可以根据需要改变转场的播放时间。调整转场效果播放时间的操作方法有 3 种，分别为"调整时间码"、"拖动黄色标记"和"设置转场效果的默认时间"。

◎ **调整时间码**

在视频轨中选择需要调整时间的转场效果，在选项面板中的"区间"中调整时间码，如图 5-25 所示。

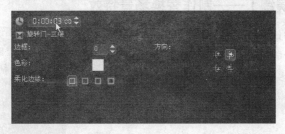

图 5-25

◎ **拖动黄色标记**

单击"时间轴"面板中的"时间轴视图"按钮 ▤，切换到时间轴视图。选中转场，将鼠标指针置于转场的左或右边缘，当鼠标指针变为双向箭头 ⬄、⬄ 时，向左或向右拖曳，改变转场的播放时间，如图 5-26 所示，释放鼠标，效果如图 5-27 所示。

图 5-26　　　　　　　　　　　　　　图 5-27

◎ **设置转场效果的默认时间**

选择"设置 > 参数选择"命令或按<F6>键，在弹出的"参数选择"对话框中选择"编辑"选项卡，在"默认转场效果的区间"选项右侧自定义转场时间，如图 5-28 所示，单击"确定"按钮，即可更改默认转场效果的区间。

图 5-28

5.1.4 【实战演练】——制作替换场景特效

使用"泥泞"转场替换当前转场特效。拖曳视频的黄色标记改变播放时间。（最终效果参看光盘中的"Ch05 > 制作替换场景特效 > 制作替换场景特效.VSP"，如图 5-29 所示。）

图 5-29

5.2 制作翻转相册特效

5.2.1 【操作目的】

使用"翻转"转场制作相册翻转效果。通过设置"翻转-相册"属性改变相册的封面和背景。使用"属性"面板设置转场的播放时间。（最终效果参看光盘中的"Ch05 > 制作翻转相册特效 >制作翻转相册特效.VSP，如图 5-30 所示。）

图 5-30

5.2.2 【操作步骤】

1. 添加视频素材

步骤 1 启动会声会影，在启动面板中选择"高级编辑"模式，如图 5-31 所示，进入高级编辑模式操作界面。

步骤 2 选择"文件 > 将媒体文件插入到时间轴 > 插入视频"命令，在弹出的"打开视频文件夹"对话框中选择光盘目录下"Ch05 > 素材 > 制作翻转相册特效 > 01、02、03"文件，单击"打开"按钮，弹出提示对话框，单击"确定"按钮，所有选中的视频素材被插入到故事板中，效果如图 5-32 所示。

图 5-31　　　　　　　　　　　　　　　　　　图 5-32

2. 添加相册转场

步骤 1 单击素材库面板中的"转场"按钮 ，切换到转场素材库，单击素材库中的"画廊"按钮，在弹出的列表中选择"相册"选项，在"相册"转场素材库中选择"翻转"转场效果，单击"对视频轨应用当前效果"按钮，把当前选中的转场效果应用到当前项目的素材之间，如图 5-33 所示。

图 5-33

步骤 2 在"故事面板"中选择第一个转场效果，在选项面板中单击"自定义效果属性"按钮，弹出"翻转-相册"对话框，在"布局"选项中选择第一种方式，单击"相册"选项卡中"相册封面模板"选项区域中的第三个图案，如图 5-34 所示。

步骤 3 单击"背景和阴影"标签，切换到相应的选项卡，单击"背景模板"选项区域中第二个图案，勾选"阴影"复选框，将阴影颜色设为黑色，其他选项的设置如图 5-35 所示。

图 5-34

图 5-35

步骤 4 单击"页面 A"标签，切换到相应的选项卡，单击"相册页面模板"选项区域中第三个
图案，如图 5-36 所示。单击"页面 B"标签，切换到相应的选项卡，单击"相册页面模板"
中第四个图案，如图 5-37 所示，单击"确定"按钮。

图 5-36

图 5-37

步骤 5 在"翻转-相册"面板中将"区间"选项设置为 2s，如图 5-38 所示。使用相同的方法设
置第二个转场效果，在预览窗口中单击播放按钮观看效果，如图 5-39 所示。

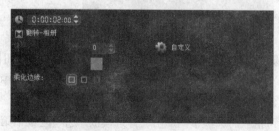

图 5-38

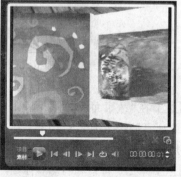

图 5-39

5.2.3 【相关工具】

1. "收藏夹"转场

由于会声会影提供了上百种转场效果，而根据这个习惯，常用的转场效果的数量是有限的。使用"收藏夹"转场，可以将常用转场置于"收藏夹"转场中，方便频繁使用。"收藏夹"转场很简单，在常用转场效果的略图上单击鼠标右键，在弹出的快捷菜单中选择"添加到收藏夹"命令，就可以将选择的转场添加到收藏夹中，如图 5-40 所示。

在收藏夹中选择一种要使用的转场效果，单击鼠标右键，在弹出的快捷菜单中选择"对视频轨应用当前效果"命令，如图 5-41 所示，就可以将选中的转场效果应用到当前项目的素材之间。

图 5-40

图 5-41

2. "三维"转场

"三维"转场包括手风琴、对开门、百叶窗和外观等 15 种转场类型，如图 5-42 所示。这类转场的特征是素材 A 转换为一个三维对象，然后融合到素材 B 中。

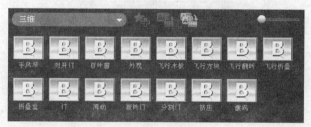

图 5-42

在素材之间添加"三维"转场效果后，单击视频轨上的转场，通过选项面板可以进一步修改转场属性。"三维"转场的典型设置如图 5-43 所示，选项面板中的参数设置方法参照 5.1.3 小节中的相关内容。

在"三维"转场中，"漩涡"转场具有特别的参数设置，在素材之间应用"漩涡"转场后，素材 A 将爆炸碎裂，然后融合到素材 B 中，如图 5-44 所示。

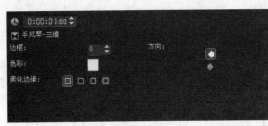

图 5-43

图 5-44

"漩涡"转场的选项面板如图 5-45 所示，单击选项面板中的"自定义效果属性"按钮 ，弹出"漩涡-三维"对话框，如图 5-46 所示。

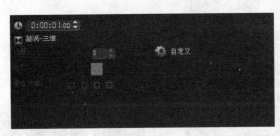

图 5-45

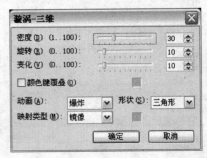

图 5-46

"密度"选项：设置漩涡效果下碎裂板块的数量，数值越大，碎裂块板块越多。

"旋转"选项：设置漩涡效果下碎裂板块的次数，数值越大，板块旋转的次数越多。

"变化"选项：设置碎裂板块的变化程度，值越大变化越大。

"颜色键覆叠"复选框：勾选此复选框，然后单击右侧的颜色方块，将弹出如图 5-47 所示的对话框，可单击"选取图像色彩"右侧的颜色方块，指定透空色彩。"遮照色彩"用于在略图上显示透空区域的颜色；"色彩相似度"用于控制指定的透空色彩的范围。设置完成后，单击"确定"按钮，可以使指定的透空色彩区域透出素材 B 相应区域的颜色。

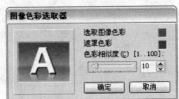

图 5-47

"动画"选项：设置碎裂板块的动画方式，共包含"爆炸"、"扭曲"和"上升"3 个选项。

"形状"选项：设置碎裂板块的形状，提供了"三角形"、"矩形"、"球形"和"点"4 种不同的类型。

"映射类型"选项：将一些板块映射为一定颜色，共包含"镜像"和"自定义"两个选项。选择"镜像"选项，映射颜色为首段视频的主色调；选择"自定义"选项，使用右侧调色板中所选颜色进行映射。

3. 相册转场

"相册"转场提供了类似相册翻动的场景切换效果。不仅可以应用在视频场景中，在创建静态图片组成的电子相册中更显示相册的转场独到之处。

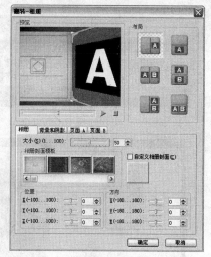

图 5-48

在"翻转-相册"对话框中允许用户设置页面的布局、封面和背景，甚至自定义效果，如图 5-48 所示。

"预览"：随时对转场效果进行预览。

"布局"：设置切换的两个场景在相册转场中的位置，进而形成不同的转场画面。

"相册"选项卡：设置相册的大小、位置和方向等参数。如果要改变相册封面，可以从"相册封面模板"选项区域中选取一个预设的略图，或者勾选"自定义相册封面"复选框，然后导入需要使用的封面图像。

"背景阴影"选项卡：可以定义相册背景或给相册添加阴影效果，如图 5-49 所示。如果要修改相册的背景，可以在"背景模板"选项区域中选取一个预设略图，或者勾选"自定义模板"复选框，然后导入需要使用的背景图像。

勾选"阴影"复选框，可以添加阴影，调整"X-偏移量"和"Y-偏移量"对话框中的数值，设置阴影的位置。增大"柔化边缘"对话框中的数值，可使阴影效果变得柔和。

"页面 A"选项卡：在参数设置区中设置相册第一页的属性，如图 5-50 所示。如果要修改此页面上的图像，在"相册页面模板"选项区域中选取一个预设的略图，或者勾选"自定义相册页面"复选框，然后导入需要使用的图像。

调整此页面上素材的大小和位置，则分别拖动"大小"、"X"和"Y"右侧的滑块改变数值即可。

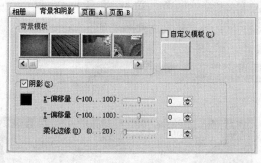

图 5-49

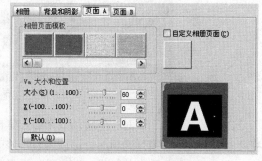

图 5-50

"页面 B"选项卡：用设置"页面 A"选项卡的方法设置相册的第二页的属性。

4. "取代"转场

"取代"转场包括棋盘、对角线和盘旋等 5 种转场类型，如图 5-51 所示。这类转场的特征是素材 A 以棋盘、对角线、盘旋的方式逐渐被子素材 B 取代，如图 5-52、图 5-53 和图 5-54 所示。

图 5-51

图 5-52

图 5-53

图 5-54

在素材之间添加"取代"转场效果后，单击视频上的转场，通过选项面板可以进一步修改属性。"取代"转场的典型设置与"三维"转场类似，参照 5.1.3 小节中的相关内容。

5. "时钟"转场

"时钟"转场包括 7 种转场类型，如图 5-55 所示。这类转场的特征是素材 A 以时钟转动的方式逐渐被素材 B 取代。

图 5-55

在素材之间添加"时钟"转场效果后，单击视频轨上的转场，通过选项面板可以进一步修改转场属性，效果如图 5-56 所示。"时钟"转场的选项面板上只能设置"边框"、"色彩"和"柔化边缘"，参照 5.1.3 小节中的相关内容。

图 5-56

6. "过滤"转场

在"过滤"转场类型中有 20 种转场类型,如图 5-57 所示。"过滤"转场是影片中应用的一类重要的转场类型。

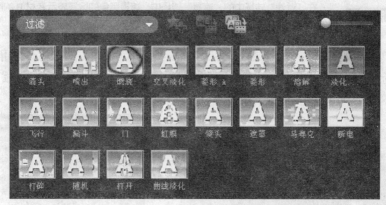

图 5-57

在"过滤"转场中,"箭头"、"喷出"、"刻录"、"淡化到黑"等多种类型都没有调整的参数;"门"、"虹膜"、"镜头"等类型的参数设置与"三维"转场类似,选项面板中的参数设置方法参照 5.1.3 小节中的相关内容。

在"过滤"转场中,"遮罩"转场是一个独特的类型,它可以将不同的图案或对象(如形状、树叶和球等)作为过滤透空的模板,应用到场景中,如图 5-58 所示。可以选择预设的遮罩或导入 BMP 文件,并将它用作转场的遮罩。

图 5-58

"过滤"转场中的"遮罩"转场的选项面板如图 5-59 所示。在选项面板上"遮罩预览"中显示当前所使用的遮罩效果。单击"打开遮罩"按钮,弹出"打开"对话框,如图 5-60 所示。

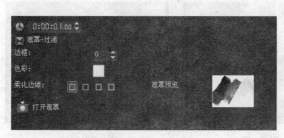

图 5-59

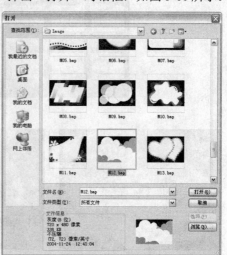

图 5-60

在默认的安装路径下，D：\ Program Files\ Corel\ Corel VideoStudio Pro X3\ Samples\ Image 中为用户提供了多种类型的遮罩，可以使用任意的 BMP 格式的图像作为遮罩，也可以在 Photoshop 等图像编辑软件中自制遮罩。

> **提 示** 　在"过滤"转场中的"遮罩"转场中，遮罩黑色的区域表示素材 B 的区域，遮罩白色的区域表示保留素材 A 的区域。

在"打开"对话框中选择一个新的遮罩后，单击"打开"按钮，即可将其应用到"过滤"中的"遮罩"转场中，在选项面板中可以查看它的略图效果，如图 5-61 所示。单击"播放"按钮，预览新的遮罩效果，如图 5-62 所示。

图 5-61

图 5-62

7. "胶片"转场

"胶片"转场包括横条、对开门和交叉等 13 种转场类型，如图 5-63 所示。这类型转场的特征是素材 A 以对开门、横条等方式逐渐被素材 B 取代，但是素材 A 是以翻页或者卷动的方式运动。

"胶片"转场没有特殊的参数设置，选项面板中的参数设置方法参照 5.1.3 小节中的相关内容。在"胶片"转场中，常用的包括交叉、翻页和对开门转场效果，如图 5-64、图 5-65 和图 5-66 所示。

图 5-63

图 5-64

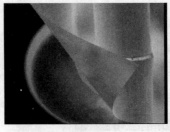

图 5-65

图 5-66

8."闪光"转场

"闪光"转场是一种重要的转场类型，它可以添加融合到场景中的灯光，创建梦幻般的画面效果，如图 5-67 所示。

"闪光"转场的选项面板如图 5-68 所示。单击选项面板中的"自定义效果属性"按钮 ，将弹出"闪光-闪光"对话框，如图 5-69所示。

图 5-67

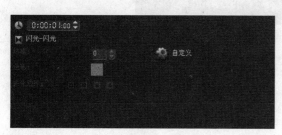

图 5-68

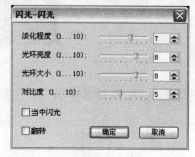

图 5-69

"淡化程度"选项：设置遮罩柔化边缘的厚度。

"光环亮度"选项：设置灯光的强度。

"光环大小"选项：设置灯光覆盖区域的大小。

"对比度"选项：设置两个素材之间的色彩对比度。

"当中闪光"复选框：勾选该复选框，将为融解遮罩添加一个灯光。

"翻转"复选框：勾选该复选框，将翻转遮罩的效果。

5.2.4 【实战演练】——制作闪光特效

使用"插入视频"命令插入素材。使用"闪光"特效制作视频切换时的闪光效果。（最终效果参看光盘中的"Ch05 >制作闪光特效 > 制作闪光特效.VSP"，如图 5-70 所示。）

图 5-70

5.3 制作遮罩特效

5.3.1 【操作目的】

使用"插入视频"命令插入素材。使用"闪光"特效制作视频切换时的闪光效果。（最终效果参看光盘中的"Ch05 > 制作遮罩特效 > 制作遮罩特效.VSP"，如图 5-71 所示。）

图 5-71

5.3.2 【操作步骤】

1. 添加视频素材

步骤 1 启动会声会影，在启动面板中选择"高级编辑"模式，如图 5-72 所示，进入高级编辑模式操作界面。

步骤 2 选择"文件 > 将媒体文件插入到时间轴 > 插入视频"命令，在弹出的"打开视频文件夹"对话框中选择光盘目录下"Ch05 > 素材 > 制作遮罩特效 > 01、02"文件，单击"打开"按钮，弹出提示对话框，单击"确定"按钮，所有选中的视频素材被插入到故事板中，效果如图 5-73 所示。

图 5-72

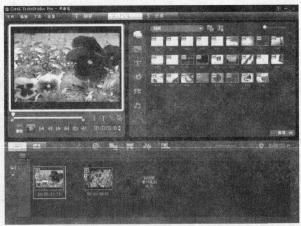

图 5-73

2. 添加"遮罩"转场

步骤 1 单击素材库面板中的"转场"按钮，切换到转场素材库，单击素材库中的"画廊"按钮，在弹出的列表中选择"遮罩"选项，在"遮罩"转场素材库中选择"遮罩 C"转场效果，单击"对视频轨应用当前效果"按钮，把当前选中的转场效果应用到当前项目的素材之间，如图 5-74 所示。

步骤 2 在"故事"面板中选择转场效果，在选项面板中单击"自定义效果属性"按钮，弹出"遮罩-遮罩 C"对话框，在"遮罩"选项中选择遮罩图案，在"路径"下拉列表中选择"对角"，其他选项的设置如图 5-75 所示，单击"确定"按钮。

图 5-74

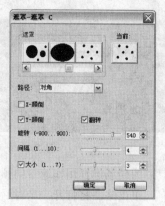

图 5-75

步骤 3 在"遮罩 C-遮罩"面板中将"区间"选项设置为 2s，如图 5-76 所示。单击导览面板中的"播放"按钮 ▶，在预览窗口中观看转场效果，如图 5-77 所示。

图 5-76

图 5-77

5.3.3 【相关工具】

1. "遮罩"转场

"遮罩"转场可以将不同的图案或对象作为遮罩应用到转场效果中。可以选择预设的遮罩或导入 BMP 文件，并将它用作转场的遮罩。"遮罩"转场包括 6 种不同的预设类型，如图 5-78 所示。

"遮罩"转场与"过滤"转场中的"遮罩"区别在于：在"遮罩"转场中，遮罩会沿着一定的路径运动；而"过滤"转场中的"遮罩"仅仅是透过遮罩简简单单地取代。

图 5-78

"遮罩"转场的选项面板如图 5-79 所示。单击选项面板中的"自定义效果属性"按钮 ，将弹出如图 5-80 所示的对话框。

图 5-79　　　　　　　　　　　　　图 5-80

"遮罩"：为转场选择用作遮罩的预设的模板。

"当前"：单击略图将打开一个对话框，在对话框中选择用作转场遮罩的 BMP 文件。

"路径"选项：选择转场期间遮罩移动的方式，包括波动、弹跳、对角、飞向上方、飞向右边、滑动、缩小和漩涡等多种不同的类型。

"X/Y 颠倒"复选框：设置遮罩路径的方向。

"同步素材"复选框：将素材的动画与遮罩的动画相匹配。

"翻转"复选框：翻转遮罩的路径方向。

"旋转"选项：指定遮罩旋转的角度。

"淡化程度"选项：设置遮罩柔化边缘的厚度。

"大小"复选框：设置遮罩的大小。

2.　"NewBlue 样品转场"转场

在"NewBlue 样品转场"转场中有 5 种不同的预设类型，包括 3D 彩图、3D 比萨饼盒、色彩融化、拼图和涂抹 5 种转场类型，如图 5-81 所示。

"NewBlue 样品转场"转场的选项面板如图 5-82 所示。单击选项面板中的"自定义效果属性"按钮 ，将弹出"闪光-闪光"对话框，如图 5-83 所示。

图 5-81

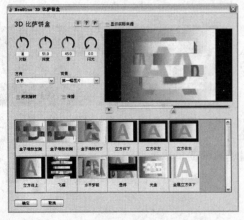

图 5-82

图 5-83

3. "果皮"转场

"果皮"转场与"胶片"转场类似，包括对开门、交叉等 6 种转场类型，如图 5-84 所示。它与"胶片"转场的区别在于，"胶片"转场的翻卷部分使用素材的映射图案，而"果皮"转场则使用色彩填充翻卷部分，效果如图 5-85 所示。

"果皮"转场没有特殊的参数设置，在选项面板中的参数设置方法参照 5.1.3 小节中的相关内容，但在选项面板中可以自定义卷动区域的色彩。

图 5-85

图 5-84

4. "推动"转场

"推动"转场类型中包括横条、网孔和跑动和停止 5 种转场类型，如图 5-86 所示，转场是素材 A 以滑行运动的方式被素材 B 取代。"推动"转场没有特殊的参数设置，在选项面板中的参数设置方法参照 5.1.3 小节中的相关内容。

图 5-86

5. "卷动"转场

"卷动"转场与"果皮"转场类似，它与"果皮"转场的区别在于，"果皮"转场是以对角的形式进行卷动，而"卷动"转场是以垂直和平行的方式进行卷动，如图 5-87 所示。

"卷动"转场没有特殊的参数设置，选项面板中的参数设置方法参照 5.1.3 小节中的相关内容。但在选项面板中可以自定义卷动区域的色彩。

图 5-87

6. "旋转"转场

"旋转"转场类型中包括响板、铰链、旋转和分割铰链 4 种转场类型，如图 5-88 所示。这种转场是素材 A 以旋转运动的方式被素材 B 取代。"旋转"转场没有特殊的参数设置，选项面板中的参数设置方法参照 5.1.3 小节中的相关内容。

图 5-88

7. "滑动"转场

"滑动"转场包括对开门、横条和交叉等 7 种转场类型，如图 5-89 所示。这种转场特征类似于"取代"转场，是素材 A 以滑行运动的方式被素材 B 取代。"滑动"转场没有特殊的参数设置，选项面板中的参数设置方法参照 5.1.3 小节中的相关内容。

图 5-89

8. "伸展"转场

"伸展"转场包括对开门、方盒、交叉缩放、对角线和单向 5 种类型转场，如图 5-90 所示。这种转场特征是素材 A 以缩放的运动方式被素材 B 取代。"伸展"转场没有特殊的参数设置，选项面板中的参数设置方法参照 5.1.3 小节中的相关内容。

图 5-90

9. "擦拭"转场

"擦拭"转场包括箭头、对开门和横条等 19 种转场，如图 5-91 所示。这类转场的特征类似于"取代"转场，是素材 A 以所选择的方式被素材 B 取代，区别在于在素材 B 出现的区域素材 A 将以擦拭的方式被清除。其中，较为独特的是"流动"、"搅拌"、"百叶窗"、和"网孔"转场，如图

5-92、图 5-93、图 5-94 和图 5-95 所示。"擦拭" 转场没有特殊的参数设置，选项面板中的参数设置方法参照 5.1.3 小节中的相关内容。

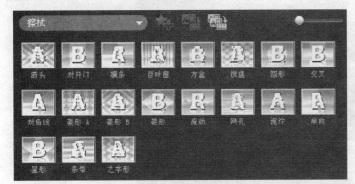
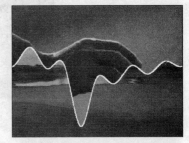

图 5-91　　　　　　　　　　　　　　　　　　图 5-92

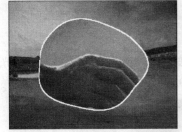
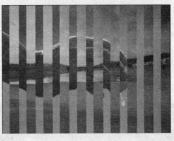
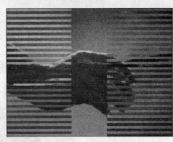

图 5-93　　　　　　　　　图 5-94　　　　　　　　　图 5-95

5.3.4 【实战演练】——制作百叶窗特效

使用 "百叶窗" 转场制作视频切换特效。使用 "属性" 面板改变转场的播放时间。（最终效果参看光盘中的 "Ch05 > 制作百叶窗特效 > 制作百叶窗特效.VSP"，如图 5-96 所示。）

图 5-96

5.4　综合演练——制作伸展特效

使用 "单向" 转场制作视频切换效果。使用 "属性" 面板设置伸展的方向。（最终效果参看光盘中的 "Ch05 > 制作三维转场特效 > 制作三维转场特效.VSP"，如图 5-97 所示。）

图 5-97

5.5 综合演练——制作三维特效

使用"漩涡"转场制作视频切换特效。使用"属性"面板改变动画的形状。（最终效果参看光盘中的"Ch05 > 制作三维特效 > 制作三维特效.VSP"，如图 5-98 所示。）

图 5-98

第6章 应用画面覆叠功能

覆叠就是画面叠加，在屏幕上同时展示出多个画面效果。它是会声会影提供的一种视频编辑方法，它将视频素材添加到时间轴窗口的覆叠轨中之后，对视频的大小、位置以及透明度等属性进行调节，从而产生视频叠加效果。同时，会声会影还允许用户对覆叠轨中的素材应用滤镜特效，使用户制作出更具有观赏性的作品。

 课堂学习目标

- 覆叠素材的基本操作
- 覆叠效果的应用

6.1 制作覆叠素材变形效果

6.1.1 【操作目的】

使用"参数选择"命令设置素材的持续时间。使用"素材库"面板为覆叠轨添加素材。使用覆叠轨变形素材。（最终效果参看光盘中的"Ch06 > 制作覆叠素材变形效果 > 制作覆叠素材变形效果.VSP"，如图 6-1 所示。）

图 6-1

6.1.2 【操作步骤】

1. 添加素材

步骤 1 启动会声会影，在启动面板中选择"高级编辑"模式，进入高级编辑模式操作界面。选择"设置 > 参数选择"命令，弹出"参数选择"对话框，选择"编辑"选项卡，将"默认照片/色彩区间"选项设为 5，如图 6-2 所示，单击"确定"按钮。

步骤 2 选择"文件 > 将媒体文件插入到时间轴 > 插入照片"命令，在弹出的"浏览照片"

对话框中选择光盘目录下"Ch06 > 素材 > 制作覆叠素材变形效果 > 01"文件,单击"打开"按钮,所选中的素材被插入到故事板中,效果如图 6-3 所示。

图 6-2

图 6-3

步骤 3 单击"时间轴"面板中的"时间轴视图"按钮 ，切换到时间轴视图,单击素材库面板中的"媒体"按钮 ，切换到视频素材库,单击"添加"按钮 ，在弹出的"浏览视频"对话框中选择"Ch06 > 素材 > 制作覆叠素材变形效果 > 02"文件,单击"打开"按钮,将素材添加到视频素材库,如图 6-4 所示。

图 6-4

2. 变形素材

步骤 1 将素材库中的"02"文件拖曳到"覆叠轨"中,如图 6-5 所示。在预览窗口中选中素材右上角的绿色控制点并向右上方拖曳,如图 6-6 所示,释放鼠标,将素材变形,效果如图 6-7 所示。

步骤 2 使用相同的方法,拖曳其他绿色控制点到适当的位置,将素材变形,如图 6-8 所示。单击导览面板中的"播放"按钮 ，预览效果,如图 6-9 所示。

图 6-5

图 6-6

图 6-7

图 6-8

图 6-9

6.1.3　【相关工具】

1. "属性"选项卡

"属性"选项卡中的参数用于设置覆叠素材的运动效果并可以为覆叠的素材添加滤镜效果，选项面板如图 6-10 所示。面板中左侧的各项参数设置请参照 3.1.3 小节中的相关内容。其他参数设置如下。

◎ "遮罩和色度键"按钮 ：单击此按钮，弹出如图 6-11 所示的覆叠选项面板。

图 6-10

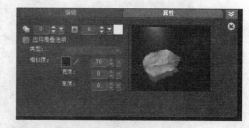

图 6-11

"透明度"选项 ：设置素材的透明度。拖动滑动条或输入数值，可以调整透明度。

"边框"选项 ：输入数值，可以设置边框的厚度。单击右侧的颜色块，可以选择边框颜色。

"应用覆叠选项"复选框：勾选此复选框，可以指定覆叠素材将被渲染的透明度。

"类型"选项：选择是否在覆叠素材上应用预设的遮罩，或指定要渲染为透明的颜色。

"相似度"选项：指定要渲染为透明的色彩的选择范围。单击右侧的颜色块，可以选择要渲染为透明的颜色。单击按钮 ，可以在覆叠素材中选择色彩。

"宽度"选项：拖动滑块或输入数值，可以按百分比修剪覆叠素材的宽度。

"高度"选项：拖动滑块或输入数值，可以按百分比修剪覆叠素材的高度。

"预览窗口"在旧版本中，使用遮罩帧和色度键功能时，用户能够同时查看素材调整之前的原貌，方便比较调整后的效果。

◎"对齐选项"按钮 ▣：在弹出的下拉列表中选择自动将覆叠素材放置到视频中预设的位置。在此，可以调整覆叠素材的大小以保持宽高比、将其恢复为默认大小、使用覆叠素材的原始大小，或将其调整为全屏大小。

◎"方向/样式"选项：决定要应用到覆叠素材的移动类型。

◎"进入/退出"按钮组：设置素材进入和离开屏幕的方向。

◎"淡入动画效果"按钮 ▥／"淡出动画效果"按钮 ▥：单击相应的按钮，可以在覆叠画面进入或离开屏幕时，逐渐增加或减少透明度。

◎"暂停区间前旋转"按钮 ▥／"暂停区间后旋转"按钮 ▥：单击相应的按钮，可以在覆叠画面进入或离开屏幕时应用旋转效果，同时，可以在预览窗口下方设置旋转之前或之后的暂停区间。

2. 添加覆叠轨上的素材

想要把素材文件添加到覆叠轨上，必须首先把素材添加到素材库中。

单击"时间轴"面板中的"时间轴视图"按钮 ▤，切换到时间轴视图。在素材库中选择需要添加的视频或图像，按住鼠标将其拖曳至覆叠轨上，释放鼠标，即可完成操作，效果如图 6-12 所示。

图 6-12

3. 删除覆叠轨上的素材

删除添加至覆叠轨上的素材有 3 种方法，分别如下。

在覆叠轨中选择要删除的素材，单击鼠标右键，在弹出的快捷菜单中选择"删除"命令，如图 6-13 所示，即可删除选中的素材文件。

图 6-13

◎选择需要删除的一个或多个素材，选择"编辑 > 删除"命令。

◎选择需要删除的一个或多个素材，按<Delete>键。

4. 覆叠素材的变形与运动

◎ 覆叠素材变形

除了调整覆叠素材的大小，会声会影也允许用户任意倾斜或者扭曲视频素材，以配合倾斜或者扭曲的覆叠画面，使视频应用得更自由。

在覆叠轨上添加视频素材或图像素材，如图 6-14 所示。

图 6-14

单击导览面板中的"扩大"按钮，将窗口放大显示，如图 6-15 所示。

图 6-15

将鼠标置入于右下角的绿色控制点，单击鼠标将其拖曳，使素材变形，如图 6-16 所示，释放鼠标，效果如图 6-17 所示。

图 6-16

图 6-17

使用相同的方法，依次调整其他控制点到适当的位置，将覆叠轨中的素材变形，如图 6-18 所示的效果。单击导览面板中的"最小化"按钮 ，将窗口恢复到标准状态，单击"播放"按钮 ，预览覆叠素材变形效果，如图 6-19 所示。

图 6-18

图 6-19

◎ **覆叠素材运动**

将素材添加到覆叠轨上以后，可能指定素材的运动方式，将动画效果应用到覆叠素材上。在覆叠轨上添加视频素材或图像素材，如图 6-20 所示。

图 6-20

　　在选项面板中的"方式/样式"面板中设置覆叠素材的进入方向、退出方向，并根据需要指定淡入淡出效果，如图 6-21 所示。

　　拖动预览窗口下方的修整控制点，调整如图 6-22 所示的蓝色区域的长度，设置覆叠素材在离开屏幕前停留在指定区域的时间。

　　单击"播放"按钮 ▶，查看覆叠素材在影片中运动的效果，如图 6-23 所示。

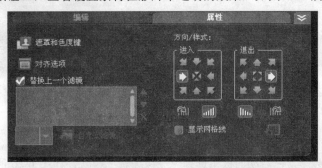

图 6-21

图 6-22

图 6-23

中等职业教育数字艺术类规划教材

6.1.4 【实战演练】——制作画中画效果

使用"插入视频"命令插入素材。使用"边框"和"边框颜色"选项为素材添加白色边框效果。使用"覆叠轨"和"属性"面板制作覆叠素材动画效果。（最终效果参看光盘中的"Ch06 > 制作画中画效果 > 制作画中画效果.VSP"，如图 6-24 所示。）

图 6-24

6.2 制作画面叠加效果

6.2.1 【操作目的】

使用"插入照片"命令为覆叠轨插入素材。使用覆叠轨和"属性"面板制作覆叠素材的若隐若现效果。（最终效果参看光盘中的"Ch06 > 制作画面叠加效果 > 制作画面叠加效果.VSP"，如图 6-25 所示。）

图 6-25

6.2.2 【操作步骤】

1. 添加素材

步骤 1 启动会声会影，在启动面板中选择"高级编辑"模式，如图 6-26 所示，进入高级编辑模式操作界面。

图 6-26

步骤 2 单击素材库面板中的"媒体"按钮，切换到视频素材库，单击"添加"按钮，在弹出的"浏览视频"对话框中选择"Ch06 > 素材 > 制作画面叠加效果 > 01"文件，单击"打开"按钮，将素材添加到视频素材库，如图 6-27 所示。

图 6-27

步骤 3 单击"时间轴"面板中的"时间轴视图"按钮，切换到时间轴视图。在素材库中选择"01"文件，按住鼠标将其拖曳至视频轨上，释放鼠标，效果如图 6-28 所示。

图 6-28

步骤 4 在覆叠轨上单击鼠标右键，在弹出的快捷菜单中选择"插入照片"命令，在弹出的"浏览照片"对话框中选择"Ch06 > 素材 > 制作画面叠加效果 > 02"文件，单击"打开"按钮，所选中的素材被插入到覆叠轨中，效果如图 6-29 所示。

图 6-29

步骤 5 将鼠标置于"02"文件的右侧，当鼠标指针呈双向箭头 ⟺ 时，向右拖曳调整覆叠素材的长度，使其与视频轨上的素材对应，释放鼠标，效果如图 6-30 所示。

图 6-30

2. 制作画面叠加效果

步骤 1 单击预览窗口右下方的"扩大"按钮，将预览窗口最大化。选中预览窗口中的图像素材，分别拖曳左上方和右上方的控制手柄调整素材的大小，效果如图 6-31 所示。单击预览窗口右下方的"最小化"按钮，将预览窗口最大化。

步骤 2 单击"属性"面板中的"遮罩和色度键"按钮，打开覆叠选项面板，将"透明度"选项设为 34，其他选项的设置如图 6-32 所示。

图 6-31

图 6-32

步骤 **3** 单击"关闭"按钮，关闭覆叠选项面板。在"属性"面板中单击"淡入动画效果"按钮，如图 6-33 所示。单击导览面板中的"播放"按钮，预览覆叠效果，如图 6-34 所示。

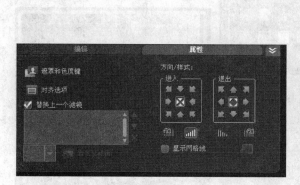

图 6-33

图 6-34

6.2.3 【相关工具】

1. 添加装饰图案

让影片变得有趣而富有变化，为影片添加一些起到装饰或标识性的作用的对象是一种很好的方式。

在视频轨上添加视频素材或者图像素材。单击素材库面板中的"图形"按钮，切换到图形素材库，单击素材库中的"画廊"按钮，在弹出的列表中选择"对象"选项，在素材库中显示"对象"素材，如图 6-35 所示。

图 6-35

在"对象"素材库中拖动"D05"对象到覆叠轨中,效果如图 6-36 所示。

从覆叠轨中选择添加对象的略图,在预览窗口中使用鼠标对选择的对象进行适当的缩放和移动位置,效果如图 6-37 所示。

图 6-36

图 6-37

2. 添加边框

为素材添加边框是一种简单而实用的装饰方式,它可以使枯燥、单调的照片变得更生动有趣。

在视频轨上添加视频素材或者图像素材。单击素材库中的"画廊"按钮,在弹出的列表中选择"边框"选项,在素材库中显示"边框"素材,如图 6-38 所示。

图 6-38

在"边框"素材库中拖动"F08"对象到覆叠轨中,效果如图 6-39 所示。在预览窗口中单击"播放"按钮观看效果,如图 6-40 所示。

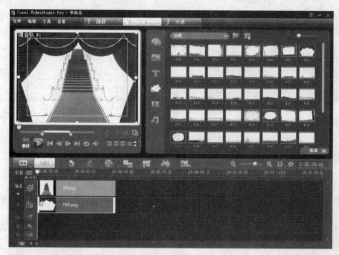

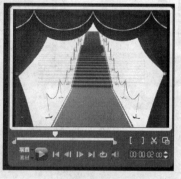

图 6-39　　　　　　　　　　　　　　　　　　图 6-40

3. Flash 透空覆叠

在会声会影中，可以把透明方式储存的 Flash 对象或素材添加到视频轨或者覆叠轨上，使影片变得更加生动。

在视频轨上添加视频素材或图像素材。单击素材库中的"画廊"按钮，在弹出的列表中选择"Flash 动画"选项，如图 6-41 所示。

图 6-41

在素材库中选择"MotionF23"动画并拖曳至覆叠轨中，效果如图 6-42 所示。单击导览面板中的"播放"按钮 ，在预览窗口中观看添加 Flash 动画的播放效果，如图 6-43 所示。

图 6-42　　　　　　　　　　　　　　　　　　图 6-43

6.2.4 　【实战演练】——制作为影片添加漂亮边框

使用素材库为视频轨添加素材。使用素材库面板为影片添加边框装饰画面效果。（最终效果参看光盘中的"Ch06 > 制作为影片添加漂亮边框 > 制作为影片添加漂亮边框.VSP"，如图 6-44 所示。）

图 6-44

6.3　制作抠像效果

6.3.1 　【操作目的】

使用"调整到屏幕大小"命令将覆叠素材调整到适合屏幕大小。使用遮罩面板制作抠像效果。（最终效果参看光盘中的"Ch06 > 制作抠像效果 > 制作抠像效果.VSP"，如图 6-45 所示。）

图 6-45

6.3.2 【操作步骤】

1. 添加素材

步骤 1 启动会声会影，在启动面板中选择"高级编辑"模式，如图 6-46 所示，进入高级编辑模式操作界面。

步骤 2 单击素材库面板中的"媒体"按钮，切换到视频素材库，单击"添加"按钮，在弹出的"浏览视频"对话框中选择"Ch06 > 素材 > 制作抠像效果 > 01、02"文件，单击"打开"按钮，弹出提示对话框，单击"确定"按钮，将所选文件添加到视频素材库，如图 6-47 所示。

图 6-46

图 6-47

步骤 3 单击"时间轴"面板中的"时间轴视图"按钮，切换到时间轴视图。在素材库中选择"01"文件，按住鼠标将其拖曳至视频轨上，释放鼠标，效果如图 6-48 所示。

步骤 4 在素材库中选择"02"按住鼠标将其拖曳至覆叠轨上，释放鼠标，效果如图 6-49 所示。在预览窗口中的"02"文件上单击鼠标右键，在弹出的快捷菜单中选择"调整到屏幕大小"命令，效果如图 6-50 所示。

图 6-48

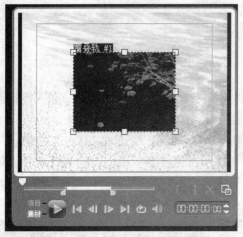

图 6-49

图 6-50

2. 制作抠像效果

步骤 1 单击素材库右下方的"选项"按钮，弹出"属性"面板，单击"遮罩和色度键"按钮 ![icon]，打开覆叠选项面板，勾选"应用覆叠选项"复选框，将"针对遮罩的色彩相似度"选项设为 70，如图 6-51 所示。

步骤 2 单击导览面板中的"播放"按钮 ![icon]，预览效果，如图 6-52 所示。

图 6-51

图 6-52

6.3.3 【相关工具】

1. 色度键抠像功能

色度键功能是通常所说的蓝屏、绿屏抠像功能，可以使用蓝屏、绿屏或者其他任何颜色来进行视频抠像。

单击"时间轴"面板中的"时间轴视图"按钮 ![icon]，切换到时间轴视图。在覆叠轨上添加视频素材，如图 6-53 所示。

图 6-53

在预览窗口的覆叠素材上单击鼠标右键，在弹出的快捷菜单中选择"调整到屏幕大小"命令，使覆叠素材自动适合屏幕，效果如图 6-54 所示。当鼠标指针呈四方箭头形状 ✛ 时，按住鼠标将其向下拖曳到适当的位置，如图 6-55 所示。

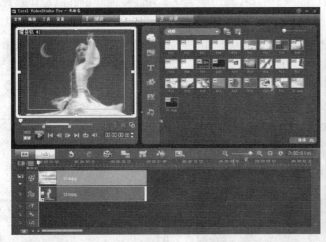

图 6-54

图 6-55

在选项面板中，单击"属性"面板中的"遮罩和色度键"按钮 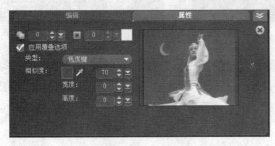，打开覆叠选项面板，勾选"应用覆叠选项"复选框，在"类型"选项下拉列表中选择"色度键"选项，效果如图 6-56 所示，可以看到使用色度键透空背景的效果，如图 6-57 所示。

图 6-56

图 6-57

单击导览面板中的"播放"按钮 ▶，观看色度键透空的覆叠素材在影片中的效果，效果如图6-58 所示。

图 6-58

2. 遮罩帧功能

遮罩可以使视频上的视频素材局部透空叠加、视频边缘羽化柔和，从而能更好地与其他素材融合在一起。

单击"时间轴"面板中的"时间轴视图"按钮 ▦ ，切换到时间轴视图。在覆叠轨上添加视频素材，如图 6-59 所示。

在预览窗口的覆叠素材上单击鼠标右键，在弹出的快捷菜单中选择"调整到屏幕大小"命令，将覆叠素材适合调整到屏幕大小，效果如图 6-60 所示。

图 6-59

图 6-60

在选项面板中，单击"属性"面板中的"遮罩和色度键"按钮 ▦ ，打开覆叠选项面板，勾选"应用覆叠选项"复选框，在"类型"选项下拉列表中选择"遮罩帧"，在右侧的面板中选择任意一种遮罩图案，如图 6-61 所示，此时在预览窗口中观看视频素材应用遮罩后的效果，如图 6-62 所示。

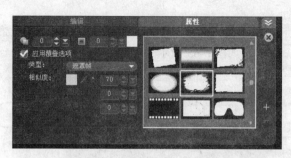

图 6-61　　　　　　　　　　　　　　　图 6-62

3. 多轨覆叠

会声会影提供了一个视频轨和 6 个覆叠轨，增强了画面叠加与运动的方便性，使用覆叠轨管理器要可以创建和管理多个覆叠轨，制作多轨叠加效果。

单击"时间轴视图"按钮 ，切换到时间轴视图。在轨道上单击鼠标右键，在弹出的快捷菜单中选择"轨道管理器"命令，弹出"轨道管理器"对话框，如图 6-63 所示。

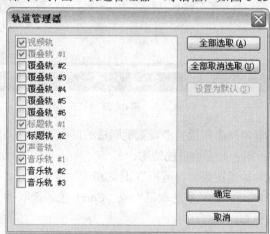

图 6-63

在对话框中勾选"覆叠轨#2"、"覆叠轨#3"、"覆叠轨#4"、"覆叠轨#5"、"覆叠轨#6"复选框，可以在预设的"覆叠轨#1"下方添加新的覆叠轨，进行多轨的视频叠加效果，如图 6-64 所示。

图 6-64

4. 绘图创建器

"绘图创建器"是会声会影 的一项功能，可以录制绘图、画画或笔画作为动画，以用作覆叠效果。单击工具栏中的"绘图创建器"按钮 ，弹出如图 6-65 所示的对话框。

◎ 绘图创建器界面

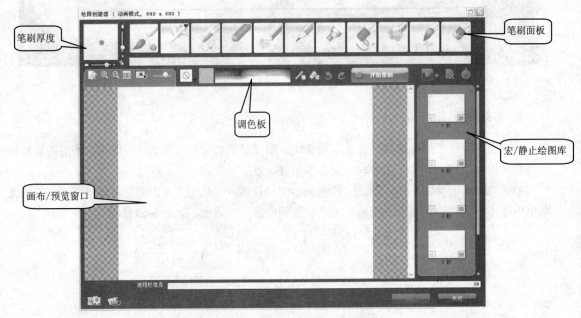

图 6-65

笔刷厚度：通过一套滑动条和预览框设置笔刷端的厚度。

"画布/预览"窗口：用于显示当前的绘图。

笔刷面板：从一系列的绘图媒体、笔刷/工具端和透明度中选择。

调色板：可以从"Windows 色彩选取器"或"Corel 色彩选取器"中选择和指定色彩。也可以通过单击滴管来选取色彩。

宏/静止绘图：用于显示包含之前录制的素材。

◎ "绘图创建器"控制按钮和滑动条

在"画布/预览"窗口的上方有一排控制按钮，如图 6-66 所示。

图 6-66

"新建/清除"按钮 ：创建新的"画布/预览"窗口。

"放大/缩小"按钮 / ：允许放大和缩小绘图的视图。

"实际大小"按钮 ：将"画布/预览"窗口恢复到其实际大小。

"背景图像"按钮 和滑动条：单击此按钮，弹出"背景图像选项"对话框，如图 6-67 所示。选择"参考默认背景色"单选项可以为绘图或动画选择单一的背景色；选择"当前时间轴图像"单选项可以使用当前显示在时间轴中的视频帧；选择"自定义图像"单选项可以打开一个图像并将其用作绘图或动画的背景。

单击"背景图像"按钮可以将图像用作绘图参考，并能通过滑动条控制其透明度。

"纹理选项"按钮 ◎：允许用户选择纹理并将其应用到笔刷端。

"色彩选取工具"按钮 ◢：允许用户从调色板或周围对象中选择色彩。

"擦除模式"按钮 ◢：单击该按钮，可以写入或擦除绘图/动画。

"撤销"按钮 ↺：允许撤销和重复"静态"和"动画"模式中的操作。

"重复"按钮 ↻：允许您撤销和重复"静态"和"动画"模式中的操作。

"开始录制/快照"按钮 [开始录制]：录制绘图区域或将绘图添加到绘图库中。"快照"按钮 [快照] 仅在"静态"模式中出现。

"播放/停止"按钮 ▶/■：播放或停止当前的绘图动画。仅在"动画"模式中才能启用。

"删除"按钮 ✄：单击此按钮，将库中的某个动画或图像删除。

"更改区间"按钮 ◷：单击此按钮，可在弹出的"区间"对话框中设置所选素材的区间。

"参数选择控制"按钮 ▦：单击此按钮，将弹出"参数选择"对话框，在常规选项卡中，设置增大或减小录制区间，如图 6-68 所示。

图 6-67

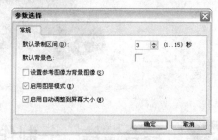

图 6-68

"更改为动画/静态"按钮 ▦：允许在"动画"模式和"静态"模式之间互相切换。

"确定"按钮 [确定]：关闭"绘图创建器"，然后在视频库中插入动画和图像并将文件以 *.uvp 格式保存到会声会影素材库中。

"关闭"按钮 [关闭]：关闭"绘图创建器"模块对话框。

6.3.4 【实战演练】——制作遮罩效果

使用"插入视频"命令插入素材。使用"覆叠"面板中的图案制作覆叠素材遮罩效果。使用"属性"面板制作覆叠素材的动画效果。（最终效果参看光盘中的"Ch06 > 制作遮罩效果 > 制作遮罩效果.VSP"，如图 6-69 所示。）

图 6-69

6.4 综合演练——制作多轨覆叠动画

使用"轨道管理器"命令添加轨道。使用"覆叠"选项面板中的图案制作覆叠素材遮罩效果。使用"属性"面板制作多轨覆叠动画。（最终效果参看光盘中的"Ch06 > 制作多轨覆叠动画 > 制作多轨覆叠动画.VSP"，如图 6-70 所示。）

图 6-70

6.5 综合演练——制作为视频添加 Flash 动画

使用素材库为视频轨添加素材。使用"图形"素材库为影片添加动画效果。（最终效果参看光盘中的"Ch06 > 制作为视频添加 Flash 动画 > 制作为视频添加 Flash 动画.VSP"，如图 6-71 所示。）

图 6-71

第7章 添加标题

在影片的后期处理过程中，常常需要在画面中加入一些标题文字和字幕。说明性的文字有助于对影片的理解，在适当的时候和适当的地方出现字幕也可以增加影片的吸引力和感染力。在会声会影中，用户可以很方便地为影片创建专业化的字幕。

 课堂学习目标

- 了解选项面板
- 设置标题属性
- 单个标题和多个标题
- 常用动画标题

7.1 制作应用预设动画标题

7.1.1 【操作目的】

使用"添加"按钮为素材库添加素材。使用预设标题制作文字动画效果。使用"编辑"选项卡设置标题的样式。（最终效果参看光盘中的"Ch07 > 制作应用预设动画标题 > 制作应用预设动画标题.VSP"，如图 7-1 所示。）

图 7-1

中
等
职
业
教
育
数
字
艺
术
类
规
划
教
材

7.1.2 【操作步骤】

步骤 1 启动会声会影，在启动面板中选择"高级编辑"模式，如图 7-2 所示，进入高级编辑模式操作界面。

步骤 2 单击素材库面板中的"媒体"按钮 ，切换到视频素材库，单击"添加"按钮 ，在弹出的"浏览视频"对话框中选择"Ch07 > 素材 > 制作应用预设动画标题 > 01"文件，单击"打开"按钮，将素材添加到视频素材库，如图 7-3 所示。

图 7-2   图 7-3

步骤 3 在视频素材库中选择"01"文件，按住鼠标将其拖曳至视频轨上，释放鼠标，效果如图 7-4 所示。单击素材库面板中的"标题"按钮 ，切换到标题素材库，在标题素材库中选择标题"Lorem ipsum"，将其拖曳到"标题轨"上，如图 7-4 所示。

图 7-4

图 7-5

步骤 4 释放鼠标添加预设标题。将鼠标置于"标题轨"素材右侧的黄色边框上，当鼠标指针呈双向箭头⬌时，向右拖曳调整"标题轨"素材的长度，使其与视频轨上的素材对应，释放鼠标，效果如图 7-6 所示。

步骤 5 双击"标题轨"中的标题，在预览窗口中显示文字，使标题处于编辑状态，效果如图 7-7 所示。将英文全部选中，输入标题"快乐儿童"，在预览窗口中单击鼠标，如图 7-8 所示。

图 7-6

图 7-7

图 7-8

步骤 6 选中标题"快乐儿童"，在标题"属性"面板中，设置字体和大小，将颜色设为浅绿色（#A9E969），如图 7-9 所示。在预览窗口中，将标题向中心移动，效果如图 7-10 所示。

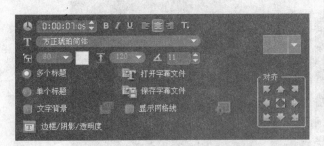

图 7-9   图 7-10

步骤 7 单击导览面板中的"播放"按钮 ▶，预览效果，如图 7-11 所示。

图 7-11

7.1.3 【相关工具】

1. "编辑"选项卡

单击素材库面板中的"标题"按钮 **T**，切换到标题素材库，项目时间轴将自动切换到"时间轴视图"模式。这时，素材库中列出了"标题"素材，在预览窗口中可以看到"双击这里可以添加标题"字样，在预览窗口双击鼠标，出现一个文本框，即可输入文字，这时选项卡被激活，可以在选项卡中设置字体的属性，如图 7-12 所示。

图 7-12

"区间"选项 ⏱：以"时：分：秒：帧"形式显示所选素材的区间/用户可以通过修改时间码的值来调整标题在影片中播放时间的长短。

"字体样式"按钮 **B** *I* U：将文字设置为粗体、斜体或带下划线。

"对齐"按钮 ▦：将水平文字对齐到左边、中间或右边，当单击"将方向更改为垂直"按钮 T↓ 时，该区域变化为 ▦，表示将垂直文字对齐到顶部、中间或底部。

"将方向更改为垂直"按钮 T↓：单击此按钮，使水平排列的标题变为垂直排列。

"字体"选项 T：在此选取期望的字体样式。

"字体大小"选项 ▦：在此设置期望的字本大小。

"色彩"颜色块：单击右侧的颜色块，在弹出的菜单中指定需要的文字色彩。

"行间距"选项 ▦：调整多行标题素材中两行之间的距离。

"按角度旋转"选项 ◢：在文本框中输入数值，可以调整旋转的角度，参数设置范围为-359°～359°。

"多个标题"单选项：选择此单选项，可以为文字使用多个文字框。

"单个标题"单选项：选择此单选项，可以为文字使用单个文字框。在打开旧版本会声会影中编辑的项目文件时，此单选项会被自动选中。单个标题则可以方便地为影片创建开幕词和闭幕词。

"文字背景"复选框：勾选此复选框，文字后面添加一个色块，单击右侧的"自定义文字背景的属性"按钮 ▦，在弹出的对话框中可以修改文字背景的属性，如颜色、透明度等，如图7-13所示。

"边框/阴影/透明度"按钮 ▦：允许为文字添加阴影和边框，并调整透明度。

"打开字幕文件"按钮 ▦：字幕文件包括srt、smi、ssa和utf等多种格式。单击该按钮，将弹出如图7-14所示的对话框，在对话框中选择utf格式的字幕文件，可以一次批量导入字幕。

"保存字幕文件"按钮 ▦：单击此按钮，将弹出如图7-15所示的对话框，在对话框中可以将自定义的影片字幕保存为uft格式的字幕文件，以备将来使用。也可以修改并保存已经存在的uft字幕文件。

图7-13

图7-14

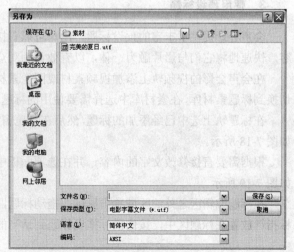

图7-15

"显示网格线"复选框：勾选此复选框，可以显示网格线，单击"网格线选项"按钮 ▦，在在弹出的对话框中可以设置网格的大小、颜色等属性。

"对齐"按钮组：设置文字在画面的对齐方式。单击相应的按钮，可以将文字对齐到左上角、上方中央、居中和右下角等位置。

2. "属性"选项卡

选择选项面板中的"动画"选项卡，在如图 7-16 所示的选项面板中可设置动画的属性。

图 7-16

◎ "动画"单选项：选择此单选项，下方的各选项被激活，通过设置可以为标题添加预设的动画效果。

"应用"复选框：勾选此复选框，将启用应用于标题上的动画，并且可以设置标题的动画属性。

"选择动画类型"选项：单击右侧三角形按钮，在弹出的下拉列表中可以选择需要使用的标题运动类型。

"自定义动画属性"按钮：单击该按钮，在弹出的对话框中可以定义所选择的动画的属性。

"预设"选项：在列表中可以选择预设的标题动画。

选择"动画"单选项，其下方选项被激活。

◎ "滤光器"单选项：选择此单选项，下方的各选项被激活，通过设置可以为标题添加滤镜效果。各项参数请参照 3.1.3 小节中的相关内容。

3. 使用预设标题

会声会影提供了丰富的预设标题，用户可以直接将它们添加到标题轨上，然后修改标题的内容，快速地将它们与影片融为一体，以有效帮助观众理解影片。

在会声会影的视频轨上添加视频素材或图像素材，然后单击素材库面板中的"标题"按钮，切换到标题素材库，在素材库中选择需要使用的标题模板，将其拖曳到标题轨上，如图 7-17 所示。

在标题轨上选中已经添加的标题，然后在预览窗口中双击要修改的标题，使它处于编辑状态，如图 7-18 所示。

根据需要直接修改文字的内容，并在选项面板中设置标题的字体、样式和对齐方式等属性，如图 7-19 所示。

在标题编辑区之外的区域单击鼠标，拖动标题四周的黄色控制点调整标题的大小，然后将鼠标指针放置在标题区中，按住鼠标拖曳标题到适当的位置，如图 7-20 所示。

图 7-17

图 7-18

图 7-19

图 7-20

　　在标题的编辑区域之外单击鼠标，取消对标题的选取，用相同的方法双击屏幕上的其他标题，并进行编辑和调整，如图 7-21 所示。

　　设置完成后，单击导览面板中"播放"按钮，预览添加到影片中的标题效果，如图 7-22 所示。

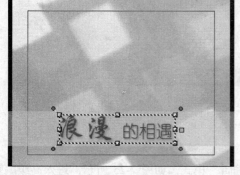

图 7-21

图 7-22

7.1.4 【实战演练】——制作为标题添加滤镜

使用预设标题制作文字动画效果。使用"编辑"选项卡设置标题的样式。使用"属性"面板为文字添加滤镜制作光线效果。(最终效果参看光盘中的"Ch07 > 制作为标题添加滤镜 > 制作为标题添加滤镜.VSP",如图 7-23 所示。)

图 7-23

7.2 制作为标题添加边框和阴影

7.2.1 【操作目的】

使用对齐按钮设置文字的位置。使用"边框/阴影/透明度"按钮设置文字的边框和阴影。(最终效果参看光盘中的"Ch07 > 制作为标题添加边框和阴影 > 制作为标题添加边框和阴影.VSP",如图 7-1 所示。)

图 7-24

7.2.2 【操作步骤】

步骤 1 启动会声会影,在启动面板中选择"高级编辑"模式,如图 7-25 所示,进入高级编辑模式操作界面。

步骤 2 单击素材库面板中的"媒体"按钮，切换到视频素材库，单击"添加"按钮，在弹出的"浏览视频"对话框中选择"Ch07 > 素材 > 制作为标题添加边框和阴影 > 01"文件，单击"打开"按钮，素材被添加到视频素材库，选择"01"文件将其拖曳到时间轴面板中，如图 7-26 所示。

图 7-25

图 7-26

步骤 3 单击素材库面板中的"标题"按钮，切换到标题素材库。在预览窗口中双击鼠标，进入标题编辑状态。在"编辑"面板中选择"多个标题"单选项，设置字体颜色为白色，并设置标题字体、字体大小、字体行距等属性，如图 7-27 所示，在预览窗口中输入需要的文字，单击"对齐到下方中央"按钮，将文字对齐到下方中央，效果如图 7-28 所示。

图 7-27

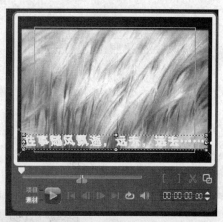

图 7-28

步骤 4 将鼠标置于标题轨素材右侧的黄色边框上，当鼠标指针呈双向箭头时，向右拖曳调整标题轨素材的长度，使其与视频轨上的素材对应，释放鼠标，效果如图 7-29 所示。

图 7-29

步骤 5 在"编辑"面板中单击"边框/阴影/透明度"按钮 T，弹出"边框/阴影/透明度"对话框，在"边框"选项卡中，单击"线条色彩"选项颜色块，在弹出的列表中选择"Corel 色彩选取器"选项，在弹出的对话框中进行设置，如图 7-30 所示。

步骤 6 单击"确定"按钮，返回到"边框"对话框中进行设置，如图 7-31 所示。选择"阴影"选项卡，切换到"阴影"对话框，单击"光晕阴影"按钮 A，将"光晕阴影色彩"选项设为白色，其他选项的设置如图 7-32 所示，单击"确定"按钮，预览窗口中效果如图 7-33 所示。

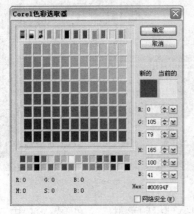

图 7-30

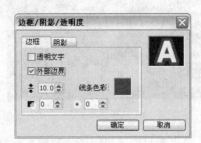

图 7-31

图 7-32

图 7-33

步骤 7 单击导览面板中的"播放"按钮 ▶，预览效果，如图 7-34 所示。

图 7-34

7.2.3　【相关工具】

1.　为标题添加边框和阴影

使用选项面板上的"边框/阴影/透明度"按钮 ，可以快速为标题添加边框、改变透明度和柔和程度或者添加阴影。

在标题轨上选中需要调整的标题，在预览窗口中单击鼠标，使标题处于编辑状态，如图 7-35 所示。

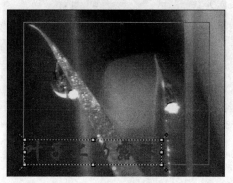

图 7-35

单击选项面板上的"边框/阴影/透明度"按钮 ，在弹出的如图 7-36 所示对话框中可以设置边框、阴影柔化属性。

"透明文字"复选框：勾选此复选框，可以使文字透明显示。

"外部边界"复选框：勾选此复选框，可以制作为文字描边的效果。

"边框宽度"选项 ：设置每个字符周围的边框宽度。

"线条色彩"颜色块：单击右侧的颜色方块，在弹出的调色板中可以为边框指定色彩。

"文字透明度"选项 ：调整标题的可见程度，可以直接输入数值进行调整。

"柔化边缘"选项 ：调整标题和视频素材边缘混合程度。

设置完成后，单击"阴影"标签，切换至"阴影"面板，在该对话框中可以选择无阴影、下垂阴影、光晕阴影和突起阴影 4 种类型的阴影，如图 7-37 所示。

图 7-36

图 7-37

"无阴影"按钮 ：单击此按钮，可以取消应用到标题中的阴影效果。

"下垂阴影"按钮 ：根据定义的 X 和 Y 坐标来将阴影应用到标题上。对话框中的 X 和 Y 用于调整阴影的位置， 和 则用于调整阴影透明度和边缘柔化程度，通过调整参数，可以得到不同类型的下垂阴影效果。

"光晕阴影"按钮 ：单击此按钮，可以在文字周围加入扩散的光晕区域。如果使用较亮的色彩，文字看起来好像会发光；如果设置较大的强度，文字看起来衬托了沿着文字边缘的背景。在选项面板中，可以通过选择略图的方式设置光晕的色彩、强度、透明度和边缘柔化程度，以得到不同的光晕阴影效果。

"突起阴影"按钮 ：单击此按钮，可以为文字加入深度，让它看起来具有立体外观，在选项面板中可以设置阴影的偏移量，较大的 X/Y 偏移量可增加深度。

设置完成后，单击"确定"按钮，将定义的边框和阴影效果添加到标题中，效果如图 7-38 所示。

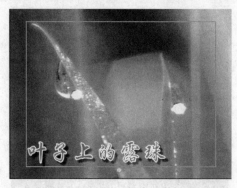

图 7-38

2. 设置标题背景

如果画面过于杂乱或者想对标题予以强调，可以为标题添加背景衬托，在会声会影里，文字背景可以是单色、渐变，并能调整透明度。

在视频轨中添加视频素材或图像素材，如图 7-39 所示。

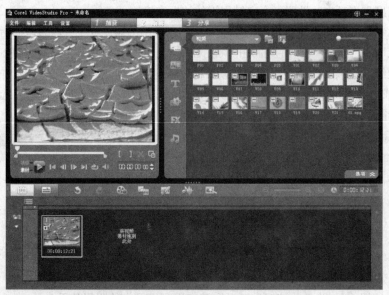

图 7-39

单击素材库面板中的"标题"按钮 ，切换到标题素材库，项目时间轴将自动切换到"时间轴视图"模式。按照前面的方法在影片中添加标题，并将其选中，使其处于编辑状态，如图 7-40 所示。

提 示 文字背景只能用于"多个标题"模式。

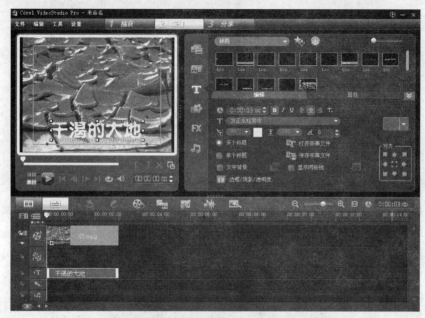

图 7-40

　　在选项面板中勾选"文字背景"复选框，会声会影自动为文字添加预设的背景颜色，如图 7-41 所示。单击"自定义文字背景的属性"按钮，弹出"文字背景"对话框，选择"渐变"单选项，设置渐变从左到右为蓝色（#10BEEA）到灰蓝色（#446D8C），将"透明度"选项设为 24，如图 7-42 所示，单击"确定"按钮，文字的背景效果如图 7-43 所示。

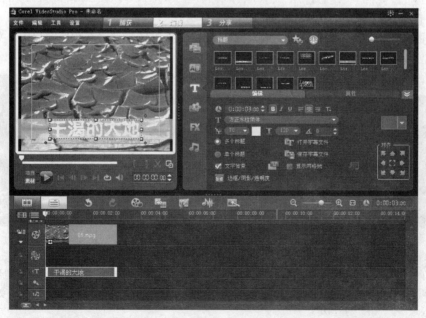

图 7-41

图 7-42   图 7-43

3. 旋转标题

会声会影提拱了文字旋转功能，极大地提高了影片的趣味性。

在标题轨或预览窗口中选择需要应用的标题样式，如图 7-44 所示。

图 7-44

在选项面板中的"旋转"对话框中输入数值-16，如图 7-45 所示，在预览窗口中，文字逆时针旋转 16 度，效果如图 7-46 所示。

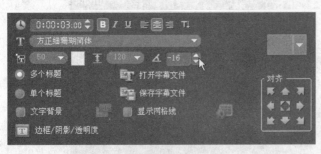

图 7-45   图 7-46

 提 示   在预览窗口中，使文字处于编辑状态，将鼠标指针置于控制框的紫色控制点上，当鼠标指针呈旋转状 🔄 时，如图 7-47 所示，按钮鼠标并拖曳，即可旋转文字，效果如图 7-48 所示。

图 7-47

图 7-48

4. 设置标题的显示位置

在预览窗口中选择需要移动位置的标题，选择的标题四周出现一个变换控制框，如图 7-49 所示。

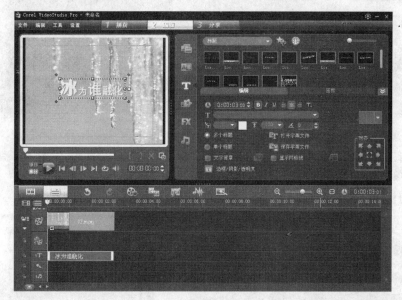

图 7-49

将鼠标移至控制框内，当鼠标指针呈 状时，单击鼠标并向左下角拖曳，如图 7-50 所示，释放鼠标，即可将选择的标题移动位置，如图 7-51 所示。

图 7-50

图 7-51

5. 应用预设文字特效

会声会影提供了大量的标题预设样式，使用这些样式，可以丰富标题的视觉效果。

在标题轨或预览窗口中选择需要应用的标题样式，如图 7-52 所示。

图 7-52

在"编辑"选项卡面板中，单击"选取标题样式预设值"右侧的下拉按钮 ，弹出系统预设的样式，在下拉列表中选择要使用的预设样式，如图 7-53 所示。

在选项面板中重新设置字体，完成特效文字的预设，效果如图 7-54 所示。

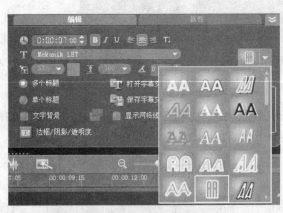

图 7-53

图 7-54

6. 调整标题的播放时间

◎以拖曳的方式调整

选中被添加到标题轨中的标题，将鼠标指针放在当前选中标题的一端，当光标呈双向箭头 时，按住并拖动鼠标，如图 7-55 所示，松开鼠标，即可改变标题的持续时间，效果如图 7-56 所示。

图 7-55

图 7-56

◎ **调整时间码**

在标题轨上选中并双击需要调整的标题，在选项面板的"区间"中调整时间码，从而改变标题在影片中的播放时间，如图 7-57 所示。

图 7-57

7. 调整标题的播放位置

单击"时间轴"面板中的"时间轴视图"按钮 ，切换到时间轴视图。通过单击"缩小"按钮 和"放大"按钮 ，使希望放置标题的位置对应的视频素材在视频轨上显示出来，如图 7-58 所示。

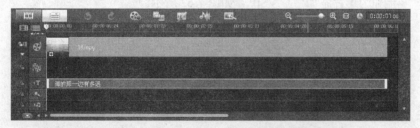

图 7-58

单击鼠标选中需要移动的标题，将鼠标指针放置在标题上方，鼠标指针呈四方箭头形状 时，按住鼠标拖曳标题到需要放置的位置，如图 7-59 所示，释放鼠标，效果如图 7-60 所示。

图 7-59

图 7-60

7.2.4 【实战演练】——制作为标题添加背景

使用"选取标题样式预设值"选项改变标题的样式。使用"自定义文字背景的属性"命令设置标题背景的透明度和颜色。（最终效果参看光盘中的"Ch07 > 制作为标题添加背景 > 制作为标题添加背景.VSP"，如图 7-61 所示。）

图 7-61

7.3 制作为影片添加字幕

7.3.1 【操作目的】

使用"插入照片"命令为"视频轨"插入素材。使用"Flash 动画"素材库为覆叠轨添加素材装饰影片。使用"多个标题"选项为影片添加字幕。（最终效果参看光盘中的"Ch07 > 制作为影片添加字幕 > 制作为影片添加字幕.VSP"，如图 7-62 所示。）

图 7-62

7.3.2 【操作步骤】

1. 为视频轨和覆叠轨添加文件

步骤 1 启动会声会影，在启动面板中选择"高级编辑"模式，如图 7-63 所示，进入高级编辑模式操作界面。

步骤 `2` 选择"文件 > 将媒体文件插入到时间轴 > 插入照片"命令，在弹出的"浏览照片"
对话框中选择光盘目录下"Ch07 > 素材 > 制作为影片添加字幕 > 01"文件，单击"打开"
按钮，所选中的素材被插入到故事板中，效果如图 7-64 所示。

图 7-63

图 7-64

步骤 `3` 双击时间轴面板中的"01"文件，在"照片"选项卡面板中，将"区间"更改为 10:07s，
如图 7-65 所示。单击"时间轴"面板中的"时间轴视图"按钮，切换到时间轴视图，
如图 7-66 所示。

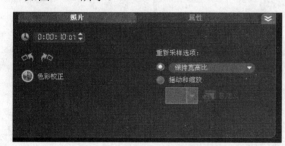

图 7-65

图 7-66

步骤 `4` 单击素材库面板中的"图形"按钮，切换到图形素材库，单击素材库中的"画廊"
按钮，在弹出的列表中选择"Flash 动画"选项，选择 Flash 动画"MotionD11"并将其拖曳
到覆叠轨中，如图 7-67 所示。

图 7-67

2. 添加标题

步骤 **1** 单击素材库面板中的"标题"按钮 **T**，切换到标题素材库，在预览窗口中双击鼠标，在"编辑"选项卡面板中设置字体、字体大小和间距，将文字颜色黑色，如图 7-68 所示。输入英文和文字， 如图 7-69 所示。

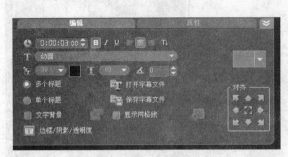

图 7-68   图 7-69

步骤 **2** 分别选中字母"W"和文字"在你经过的地方。"，在面板中再次设置大小，将光标置入到英文"aiting for"前面，输入需要的空格，如图 7-70 所示。

图 7-70

步骤 **3** 单击"编辑"选项卡面板中的"对齐到下方中央"按钮 和"对齐到右下方"按钮 ，将字幕对齐。单击"边框/阴影/透明度"按钮 ，弹出"边框/阴影/透明度"对话框，在"阴影"选项卡中单击"下垂阴影"按钮 **A**，将"X"和"Y"选项均设为 1，下垂阴影颜色设为黑色，如图 7-71 所示，单击"确定"按钮，文字效果如图 7-72 所示。

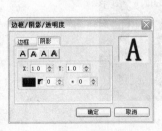

图 7-71   图 7-72

步骤 4 在标题轨上拖曳标题右侧的黄色标记，改变标题在影片中的持续时间，如图7-73所示。单击导览面板中的"播放"按钮▶️，预览效果，如图7-74所示。

图 7-73

图 7-74

7.3.3 【相关工具】

1．单个标题的应用

单个标题：无论标题文字多长，它都是一个标题，不能对单个标题应用背景效果。标题位置不能够移动。

单击素材库面板中的"标题"按钮**T**，切换到标题素材库，项目时间轴将自动切换到"时间轴视图"模式。在预览窗口中拖动擦洗器🔽，找到需要添加标题帧的位置，如图7-75所示。

图 7-75

在预览窗口中双击鼠标，进入标题的编辑状态，在选项面板中选择"单个标题"单选项，再次在预览窗口中双击鼠标，输入需要添加的文字，如图7-76所示。

图 7-76

提 示 输入单个标题时，当输入的文字超出窗口时，可以拖拉窗口周围滑动条查看效果。

参照 7.1.3 小节中步骤 1 的内容，在选项面板中设置标题的字体、大小、颜色、对齐等属性，效果如图 7-77 所示。

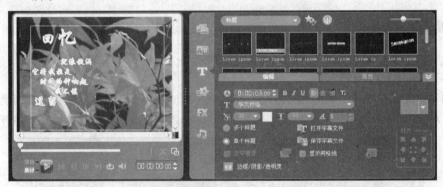

图 7-77

设置完成后，在标题轨上单击鼠标，输入的文字将被添加到前面所设置的标题的起始位置，如图 7-78 所示。

图 7-78

2. 多个标题的应用

多个标题：多个标题允许用户更灵活地将不同单词放到视频帧的任何位置，并且可以排列文字的叠放顺序。

单击素材库面板中的"标题"按钮■，切换到标题素材库，项目时间轴将自动切换到"时间轴视图"模式。在预览窗口中双击鼠标，进入编辑状态，在选项面板中选择"多个标题"单选项，再次在预览窗口中双击鼠标，输入需要添加的文字，如图 7-79 所示。

图 7-79

参照 7.1.3 小节中步骤 1 的内容，在选项面板中设置标题的字体、大小、颜色、对齐等属性，效果如图 7-80 所示。

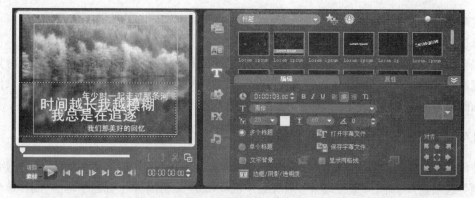

图 7-80

输入完成后，在标题框上单击鼠标，标题四周出现控制框，拖动黄色控制点可以调整标题的大小，将鼠标放置在控制点的区域中，按住鼠标并拖曳到适当的位置，改变标题的位置，如图 7-81 所示。

图 7-81

在标题轨上单击鼠标，输入的文字被添加到"标题轨"上，如果需要编辑多个标题属性，可以在"标题轨"上选中该标题素材，在预览窗口中单击鼠标进入标题编辑模式，在要编辑的标题框中双击鼠标，使标题处于编辑状态。在选项面板中调整标题的属性，修改完成后，在标题轨上单击鼠标即可应用修改。

提 示 在将输入的多个文字添加到时间轴之前，如果选择"单个标题"单选项，只有当前选中的文字或第一个输入的文字（在未选取文字框时）被保留，其他文字框将被删除，并且"文字背景"复选框将被禁用。

3. 单个标题和多个标题的转换

会声会影的单个标题功能主要用处就是制作片尾的长段字幕。在一般的情况下，建议使用多个标题功能。

若要将单个标题转换为多个标题（或将多个标题转换到单个标题），只需要在标题轨或预览窗口中选择该标题，然后在"编辑"选项面板中选择"多个标题"单选项（或"单个标题"单选项）即可。

在单个标题与多个标题之间进行转换时，需要注意的事项如下。

单个标题转换到多个标题后，将无法撤销还原。

多个标题转换到单个标题有两种情况：如果选择了多个标题中的某一个标题，转换时只有选中的标题被保留，未选中的标题内容将被删除；如果没有选中任何标题，那么转换时，只保留首次输入的标题。这两种情况中，如果应用了文字的背景，该效果会被删除。

7.3.4 【实战演练】——制作单个标题字幕

使用"插入照片"命令插入素材。使用"将方向更改为垂直"按钮将文字垂直显示。使用"单个标题"选项输入字幕。（最终效果参看光盘中的"Ch07 > 制作单个标题字幕 > 制作单个标题字幕.VSP"，如图 7-82 所示。）

图 7-82

7.4 制作淡入淡出的字幕

7.4.1 【操作目的】

使用"插入视频"命令为故事板插入素材。使用标题素材库为影片添加字幕。使用"淡化"动画标题为标题设置淡入淡出字幕。（最终效果参看光盘中的"Ch07 > 制作淡入淡出的字幕 > 制作淡入淡出的字幕.VSP"，如图 7-83 所示。）

图 7-83

7.4.2 【操作步骤】

1. 添加标题

步骤 1 启动会声会影，在启动面板中选择"高级编辑"模式，如图 7-84 所示，进入高级编辑模式操作界面。

步骤 2 选择"文件 > 将媒体文件插入到时间轴 > 插入视频"命令，在弹出的"打开视频文件夹"对话框中选择光盘目录下"Ch07 > 素材 > 制作淡入淡出的字幕 > 01"文件，单击"打开"按钮，所选中的素材被插入到故事板中，效果如图 7-85 所示。

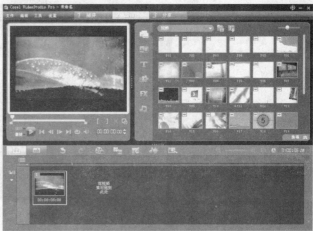

图 7-84   图 7-85

步骤 3 单击素材库面板中的"标题"按钮 **T**，切换到标题素材库，在预览窗口中双击鼠标，进入编辑状态，在"编辑"选项卡面板中选择"多个标题"单选项，设置字体颜色为白色，并设置标题字体、字体大小、字体行距等属性，如图 7-86 所示，在预览窗口中输入需要的文字，效果如图 7-87 所示。

步骤 4 将鼠标置于标题轨素材右侧的黄色边框上，当鼠标指针呈双向箭头 ↔ 时，向右拖曳调整标题轨素材的长度，使其与覆叠轨上的素材对应，释放鼠标，效果如图 7-88 所示。双击"标题轨"在预览窗口中显示文字。

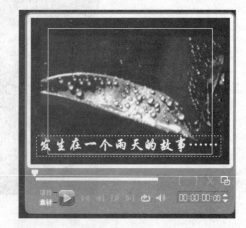

图 7-86   图 7-87

图 7-88

2. 添加边框和阴影并制作动画效果

步骤 1 在"编辑"面板中单击"边框/阴影/透明度"按钮，弹出"边框/阴影/透明度"对话框，单击"线条色彩"选项颜色块，在弹出的调色板中选择需要的颜色，其他选项的设置如图 7-89 所示。

步骤 2 选择"阴影"选项卡，单击"光晕阴影"按钮，弹出相应的对话框，将"下垂阴影透明度"选项设为 38，"下垂阴影柔化边缘"选项设为 68，单击"光晕阴影色彩"选项颜色块，在弹出的调色板中选择需要的颜色，如图 7-90 所示，单击"确定"按钮，预览窗口中效果如图 7-91 所示。

图 7-89

图 7-90

图 7-91

步骤 3 选择"属性"选项卡面板，勾选"应用动画"复选框，单击"类型"选项右侧的下拉按钮，在弹出的列表中选择"淡化"，单击"自定义动画属性"按钮，在弹出的"淡化字幕"对话框中进行设置，如图 7-92 所示，单击"确定"按钮，完成字幕动画设置。单击导览面板中的"播放"按钮，预览效果，如图 7-93 所示。

图 7-92

图 7-93

7.4.3 【相关工具】

1. 应用预设动画标题

预设的动画标题是会声会影内置的一些动画，使用它们可以快速地创建动画标题。

按照前面的章节中介绍的方法在时间轴上选中需要调整的标题，并在预览窗口中单击鼠标，使标题处于编辑状态，如图 7-94 所示。

图 7-94

在"属性"选项卡面板中选择"动画"单选项，勾选"应用"复选框，单击"选取动画类型"右侧的下拉按钮，在弹出的下拉列表中选择"移动路径"选项，如图 7-95 所示。在预设的动画中选择一种类型，如图 7-96 所示。

图 7-95

图 7-96

设置完成后，单击导览面板中的"播放"按钮，在预览窗口中查看运动的标题效果，如图7-97 所示。

图 7-97

2. 向上滚动字幕

在影片结尾通常会显示向上滚动的字幕，使用会声会影可以添加向上滚动的字幕，制作出专业的影片效果。

在预览窗口中拖动擦洗器，找到需要添加标题帧的位置，如图 7-98 所示。

图 7-98

单击素材库面板中的"标题"按钮，切换到标题素材库，在预览窗口中双击鼠标，进入标题的编辑状态，在选项面板中选择"单个标题"单选项，再次在预览窗口中双击鼠标，输入需要添加的文字，在标题轨上单击鼠标，输入的文字将被添加到前面所设置的标题的起始位置，如图 7-99 所示。

图 7-99

在"属性"选项卡面板中选择"动画"单选项，勾选"应用"复选框，单击"选取动画类型"右侧的下拉按钮，在弹出的下拉列表中选择"飞行"选项，在预设的动画中选择一种类型，如图7-100所示。

单击"自定义动画属性"按钮，在弹出的对话框中设置文字运动的方式，如图7-101所示。

图 7-100　　　　　　　　　　图 7-101

"加速"复选框：勾选该复选框，可以在当前单位退出屏幕之前，使标题素材的下一个单位开始动画。

"起始单位/终止单位"选项：设置标题在视频中出现的方式，包括文字、字符、单词和行等不同的方式。

"暂停"选项：在动画起始和终止的方向之间应用暂停的方式。选择"无暂停"选项，可以使动画不间歇动行。

"进入/离开"按钮组：显示从标题动画的起始到终止位置的踪迹。单击按钮，可以使标题静止。

设置完成后，单击"确定"按钮，在"编辑"选项面板中，调整字幕的播放时间，从而控制文字向上滚动的速度，如图7-102所示。

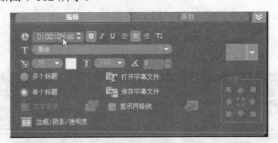

图 7-102

单击导览面板中的"播放"按钮，查看字幕从下向上滚动的播放效果，如图7-103和图7-104所示。

图 7-103　　　　　　　　　　图 7-104

3. 淡入淡出字幕

单击素材库面板中的"标题"按钮，切换到标题素材库，在预览窗口中双击鼠标，进入标题的编辑状态，在选项面板中选择"多个标题"单选项，在预览窗口中输入需要添加的文字，在标题轨上单击鼠标，输入的文字将被添加到标题轨上，如图 7-105 所示。

图 7-105

在"属性"选项卡面板中选择"动画"单选项，勾选"应用"复选框，单击"选取动画类型"右侧的下拉按钮，在弹出的下拉列表中选择"淡化"选项，在预设的动画中选择一种类型，单击"自定义动画属性"按钮，在弹出的对话框中选择"交叉淡化"单选项，如图 7-106 所示，单击"确定"按钮。

图 7-106

在标题轨上拖曳标题右侧的黄色标记，改变标题在影片中的持续时间，调整字幕的滚动速度，如图 7-107 所示。

单击导览面板中的"播放"按钮，查看字幕从右向左滚动的效果，如图 7-108 所示。

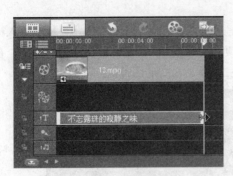

图 7-107

图 7-108

4. 跑马灯字幕

跑马灯字幕是影片中常见的移动运动的文字效果，文字从字幕的一端向另一端滚动播放。

单击素材库面板中的"标题"按钮 **T**，切换到标题素材库，在预览窗口中双击鼠标，进入标题的编辑状态，在选项面板中选择"多个标题"单选项，在预览窗口中输入需要添加的文字，在标题轨上单击鼠标，输入的文字将被添加到标题轨上，如图 7-109 所示。

图 7-109

勾选选项面板中的"文字背景"复选框，文字后面添加一个色块，如图 7-110 所示。单击右侧的"自定义文字背景的属性"按钮 ，弹出"文字背景"对话框，选择"渐变"单选项，设置渐变从左到右为黄色（#E9F47B）到白色，其他选项的设置如图 7-111 所示，单击"确定"按钮，文字的背景效果如图 7-112 所示。

图 7-110　　　　　　　　图 7-111　　　　　　　　图 7-112

在"属性"选项卡面板中选择"动画"单选项，勾选"应用"复选框，单击"选取动画类型"右侧的下拉按钮，在弹出的下拉列表中选择"飞行"选项，单击"自定义动画属性"按钮，在弹出的对话框中设置文字运动的方式，如图 7-113 所示，单击"确定"按钮。

在标题轨上拖曳标题右侧的黄色标记，改变标题在影片中的持续时间，调整字幕的滚动速度，如图 7-114 所示。

图 7-113　　　　　　　　　　　　　图 7-114

单击导览面板中的"播放"按钮，查看字幕从右向左滚动的效果，如图 7-115 所示。

图 7-115

5. 淡化字幕

淡化字幕可以使文字产生淡入、淡出的动画效果。

单击素材库面板中的"标题"按钮，切换到标题素材库，在素材面板中选择标题

"Lorem|ipsum"并将其拖曳到"标题轨"中，分别在预览窗口中输入需要添加的文字，在标题轨上单击鼠标，输入的文字将被添加到标题轨上，如图 7-116 所示。

图 7-116

在预览窗口中选择标题"相约"，如图 7-117 所示。在"属性"选项卡面板中选择"动画"单选项，勾选"应用"复选框，单击"选取动画类型"右侧的下拉按钮，在弹出的下拉列表中选择"淡化"选项，单击"自定义动画属性"按钮 ▥，在弹出的对话框中设置文字运动的方式，如图 7-118 所示，单击"确定"按钮。

图 7-117

图 7-118

◎ "单位"选项：设置标题在场景中出现的方式。

"字符"选项：标题以一次一个字符的方式出现在场景中。

"单词"选项：标题以一次一个单词的方式出现在场景中。

"行"选项：一次一行文字出现在场景中。

"文字"选项：整个标题出现在场景中。

◎ "暂停"选项：设置动画起始和终止的方向之间应用暂停的方式。选择"无暂停"，可以使动画不间歇运行。

◎ "淡化样式"选项组：选择要使用的淡化方式。

"淡入"单选按钮：让标题逐渐显现。

"淡出"单选按钮：让标题逐渐消失。

"交叉淡化"单选按钮：让标题在进入场景时逐渐出现、在离开场景时逐渐消失。

设置完成后，单击"确定"按钮，单击导览面板中的"播放"按钮，查看字幕淡入淡出的播放效果，如图 7-119 所示。

图 7-119

6. 弹出字幕

弹出字幕可以使文字产生由画面上的某个分界线弹出显示的动画效果。

单击素材库面板中的"标题"按钮，切换到标题素材库，在预览窗口中双击鼠标，进入标题的编辑状态，在选项面板中选择"多个标题"单选项，在预览窗口中输入需要添加的文字，在标题轨上单击鼠标，输入的文字将被添加到标题轨上，如图 7-120 所示。

图 7-120

在"属性"选项卡面板中选择"动画"单选项，勾选"应用"复选框，单击"选取动画类型"右侧的下拉按钮，在弹出的下拉列表中选择"弹出"选项，单击"自定义动画属性"按钮，在弹出的对话框中设置文字运动的方式，如图 7-121 所示，单击"确定"按钮。

图 7-121

"单位"选项：设置标题在场景中出现的方式。

"暂停"选项：设置动画起始和终止的方向之间应用暂停的方式。

设置完成后，单击"确定"按钮，在标题轨上拖曳标题右侧的黄色标记，改变标题在影片中的持续时间，调整字幕弹出的速度，如图 7-122 所示。

图 7-122

单击导览面板中的"播放"按钮 ▶，查看字幕淡入淡出的播放效果，如图 7-123 所示。

图 7-123

7. 翻转字幕

翻转字幕可以使文字产生翻转回旋运动。

单击素材库面板中的"标题"按钮 ，切换到标题素材库，在预览窗口中双击鼠标，进入标题的编辑状态，在选项面板中选择"多个标题"单选按钮，在预览窗口中输入需要添加的文字，在标题轨上单击鼠标，输入的文字将被添加到标题轨上，如图 7-124 所示。

图 7-124

在"属性"选项卡面板中选择"动画"单选项，勾选"应用"复选框，单击"选取动画类型"右侧的下拉按钮，在弹出的下拉列表中选择"翻转"选项，单击"自定义动画属性"按钮 ，在弹出的对话框中设置文字运动的方式，如图 7-125 所示，单击"确定"按钮。

图 7-125

"进入/离开"选项：显示从标题动画的起始到终止位置的踪迹。选择"中间"选项，可以使标题静止。

"暂停"选项：在动画起始和终止的方向之间应用暂停的方式。

设置完成后，单击"确定"按钮，在标题轨上拖曳标题右侧的黄色标记，改变标题在影片中的持续时间，调整字幕翻转的速度，如图 7-126 所示。

图 7-126

单击导览面板中的"播放"按钮 ▶，查看字幕翻转的播放效果，如图 7-127 所示。

图 7-127

8. 缩放字幕

缩放字幕可以使文字在运动过程中产生放大或缩小变化。

单击素材库面板中的"标题"按钮 ，切换到标题素材库，在预览窗口中双击鼠标，进入标题的编辑状态，在选项面板中选择"多个标题"单选项，在预览窗口中输入需要添加的文字，在标题轨上单击鼠标，输入的文字将被添加到标题轨上，如图 7-128 所示。

图 7-128

在"属性"选项卡面板中选择"动画"单选按钮，勾选"应用"复选框，单击"选取动画类型"右侧的下拉按钮，在弹出的下拉列表中选择"缩放"选项，单击"自定义动画属性"按钮 ，在弹出的对话框中设置文字运动的方式，如图 7-129 所示，单击"确定"按钮。

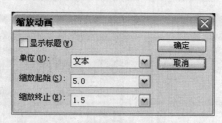

图 7-129

"显示标题"复选框：勾选此复选框，将在动画的终止时显示标题。

"单位"选项：设置标题在场景中出现的方式。

"缩放起始/缩放终止"选项：设置动画起始和终止时的缩放率。

设置完成后，单击"确定"按钮，在标题轨上拖曳标题右侧的黄色标记，改变标题在影片中的持续时间，调整字幕缩放的速度，如图 7-130 所示。

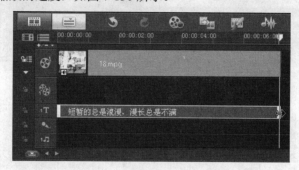

图 7-130

单击导览面板中的"播放"按钮 ，查看字幕缩放的播放效果，如图 7-131 所示。

图 7-131

9. 下降字幕

"下降"字幕可以使文字在运动的过程中由大到小逐渐变化。

单击素材库面板中的"标题"按钮 ，切换到标题素材库，在预览窗口中双击鼠标，进入标题的编辑状态，在选项面板中选择"多个标题"单选按钮，在预览窗口中输入需要添加的文字，在标题轨上单击鼠标，输入的文字将被添加到标题轨上，如图 7-132 所示。

中等职业教育数字艺术类规划教材

图 7-132

在"属性"选项卡面板中选择"动画"单选项，勾选"应用"复选框，单击"选取动画类型"右侧的下拉按钮，在弹出的下拉列表中选择"下降"选项，单击"自定义动画属性"按钮 T ，在弹出的对话框中设置文字运动的方式，如图 7-133 所示，单击"确定"按钮。

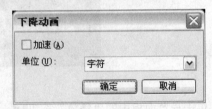

图 7-133

"加速"复选框：勾选此复选框，可以在当前单位退出屏幕之前，使标题素材的下一个单位开始动画。

"单位"选项：设置标题在场景中出现的方式。

设置完成后，单击"确定"按钮，在标题轨上拖曳标题右侧的黄色标记，改变标题在影片中的持续时间，调整字幕下降的速度，如图 7-134 所示。

单击导览面板中的"播放"按钮 ▶ ，查看字幕下降的播放效果，如图 7-135 所示。

图 7-134

图 7-135

10. 摇摆字幕

摇摆字幕可以使文字产生左右摇摆运动的效果。

单击素材库面板中的"标题"按钮 ，切换到标题素材库，在预览窗口中双击鼠标，进入标题的编辑状态，在选项面板中选择"多个标题"单选项，在预览窗口中输入需要添加的文字，在标题轨上单击鼠标，输入的文字将被添加到标题轨上，如图 7-136 所示。

图 7-136

在"属性"选项卡面板中选择"动画"单选项，勾选"应用"复选框，单击"选取动画类型"右侧的下拉按钮，在弹出的下拉列表中选择"摇摆"选项，单击"自定义动画属性"按钮，在弹出的对话框中设置文字运动的方式，如图 7-137 所示，单击"确定"按钮。

图 7-137

"暂停"选项：设置动画起始和终止的方向之间应用暂停的方式。选择"无暂停"，可以使动画不间歇运行。

"摇摆角度"选项：选择应用到文字上的曲线的角度。

"进入/离开"选项：显示从标题动画的起始到终止位置的踪迹。选择"中间"选项，可以使标题静止。

"顺时针"复选框：勾选此复选框，可以沿着顺时针方向的曲线运动。

设置完成后，单击"确定"按钮，在标题轨上拖曳标题右侧的黄色标记，改变标题在影片中的持续时间，调整字幕摇摆的速度，如图 7-138 所示。

单击导览面板中的"播放"按钮 ▶，查看字幕摇摆的播放效果，如图 7-139 所示。

| 图 7-138 | 图 7-139 |

11. 移动路径字幕

移动路径字幕可以使文字产生沿指定的路径运动的效果。"移动路径"没有可调整的参数，直接选择应用列表中的预设效果，就能产生多种多样的路径变化。

单击素材库面板中的"标题"按钮 ▮，切换到标题素材库，在预览窗口中双击鼠标，进入标题的编辑状态，在选项面板中选择"多个标题"单选项，在预览窗口中输入需要添加的文字，在标题轨上单击鼠标，输入的文字将被添加到标题轨上，如图 7-140 所示。

图 7-140

分别选中标题文字，在"属性"选项卡面板中选择"动画"单选项，勾选"应用"复选框，单击"选取动画类型"右侧的下拉按钮，在弹出的下拉列表中选择"移动路径"选项，单击"自定义动画属性"按钮 ▮，在弹出的对话框中设置文字运动的方式，如图 7-141 所示，单击"确定"按钮。

图 7-141　　　　　　　　　　　　　　　　　　　图 7-142

7.4.4　【实战演练】——制作弹出字幕

使用"插入视频"命令为"视频轨"插入素材。使用"编辑"选项卡面板设置字幕的样式。使用"边框/阴影/透明度"命令设置字幕边框阴影效果。使用"弹出"字幕设置字幕的弹出效果。（最终效果参看光盘中的"Ch07 > 制作弹出字幕 > 制作弹出字幕.VSP"，如图 7-143 所示。）

图 7-143

7.5　综合演练——制作移动路径字幕

使用"插入视频"命令为"视频轨"插入素材。使用"编辑"选项卡面板设置字幕的样式。使用"边框/阴影/透明度"命令设置字幕边框阴影效果。使用"移动路径"字幕设置字幕沿指定的路径运动的效果。（最终效果参看光盘中的"Ch07 > 制作移动路径字幕 > 制作移动路径字幕.VSP"，如图 7-144 所示。）

图 7-144

7.6 综合演练——制作滚动字幕

使用"插入视频"命令为"视频轨"插入素材。使用"色彩"图形和"覆叠轨"命令制作半透明底图效果。使用"单个标题"功能输入字幕。使用"飞行"字幕制作字幕滚动效果。（最终效果参看光盘中的"Ch07 > 制作滚动字幕 > 制作滚动字幕.VSP"，如图 7-145 所示。）

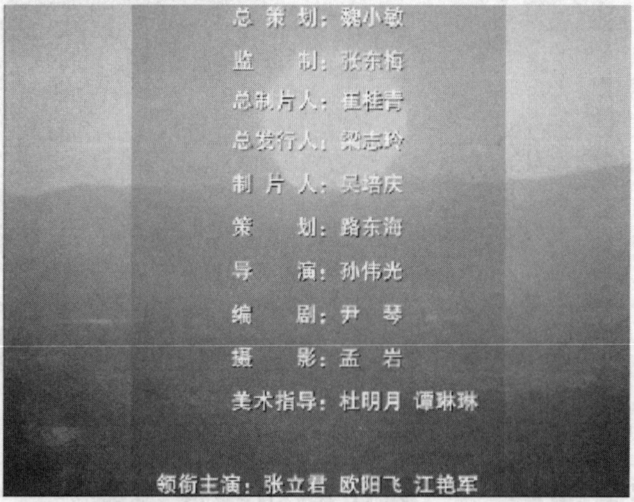

图 7-145

第**8**章 添加音频

本章详细讲解了输入和编辑声音时需要掌握的一些基本知识和技能。读者要重点掌握声音的编辑来为影片增光添彩。

 课堂学习目标

- 添加音频素材
- 修整音频素材
- 使用混合音频
- 常用音频滤镜

8.1　制作提取音频

8.1.1 【操作目的】

使用"插入视频"命令为"视频轨"插入素材。使用"分割音频"按钮将视频和音频文件分离。(最终效果参看光盘中的"Ch08 > 制作提取音频 > 制作提取音频.VSP",如图8-1所示。)

图 8-1

8.1.2 【操作步骤】

步骤 1 启动会声会影,在启动面板中选择"高级编辑"模式,如图8-2所示,进入高级编辑模式操作界面。

图 8-2

步骤 2 选择"文件 > 将媒体文件插入到时间轴 > 插入视频"命令，在弹出的"打开视频文件夹"对话框中选择光盘目录下"Ch08 > 素材 > 制作提取音频 > 01"文件，单击"打开"按钮，所选中的视频素材被插入到故事板中，效果如图 8-3 所示。

图 8-3

步骤 3 单击"时间轴"面板中的"时间轴视图"按钮 ，切换至"时间轴视图"显示界面，视频文件缩略图上面有一个小喇叭图标，表示这个视频文件含有音频，如图 8-4 所示。

步骤 4 在"时间轴"面板中选择"01"文件，单击"视频"选项面板中"分割音频"按钮 ，影片中的音频部分将与视频分离，并自动添加到音频轨上，如图 8-5 所示。按<Delete>键，将其删除。

图 8-4   图 8-5

步骤 5 单击导览面板中的"播放"按钮 ▶，预览影片并试听声音，此时视频文件中没有声音，如图 8-6 所示。

图 8-6

8.1.3 【相关工具】

1. "音乐和声音"选项卡

"音频和声音"选项面板可以让用户从音频 CD 中复制音乐、录制声音，以及将音频滤镜应用到音频轨。

"区间"选项 ⏱：以"时：分：秒：帧"的形式显示音频轨的区间。用户可以通过输入期望的区间来预设录音的长度。

"素材音量"选项 🔊：允许用户调整所录制素材的音量。

"淡入"按钮 📶：单击此按钮，可以使选择的声音素材的开始部分音量逐渐增大。

"淡出"按钮 📉：单击此按钮，可以使选择的声音素材的结束部分音量逐渐减小。

"录音"按钮 🎤：单击此按钮可以从麦克风录制画外音，并在时间轴的声音轨上创建新的声音素材。在录音过程中，此按钮变为"停止"，单击该按钮可以停止录音。

"从音频 CD 导入"按钮 ![icon]：单击此按钮，可以将 CD 上的音乐转换为 WAV 格式的声音文件并保存在硬盘上。

"回放速度"按钮 ![icon]：单击此按钮，在打开的对话框中可以修改音频素材的速度和区间。

"音频滤镜"按钮 ![icon]：单击此按钮，将打开"音频滤镜"对话框，可以选择并将音频滤镜应用到所选的音频素材上。

2. "自动音乐"选项卡

单击素材库面板中的"音频"按钮 ![icon]，切换到音频素材库，单击"选项"按钮，弹出面板，选择"自动音乐"选项卡面板，如图 8-7 所示。在"自动音乐"选项面板中可以从音频库里选择音乐轨并自动与影片相配合。

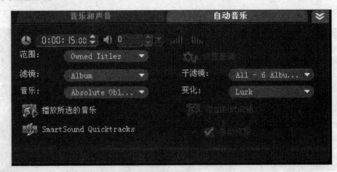

图 8-7

"区间"选项 ![icon]：用于显示所选音乐的总长度。

"素材音量"选项 ![icon]：用于调整所选音乐的音量。值为 100 可以保留音乐的原始音量。

"淡入"按钮 ![icon]：单击此按钮，可以使选择的声音素材的开始部分音量逐渐增大。

"淡出"按钮 ![icon]：单击此按钮，可以使选择的声音素材的结束部分音量逐渐减小。

"范围"选项：用于指定程序搜索 SmartSound（SmartSound 是一种智能音频技术，只需要通过简单的曲风选择，就可以从无到有、自动生成符合影片长度的专业级的配乐，还可以实时、快速地改变和调整音乐的乐器和节奏）文件方法。

"音乐"选项：在弹出的下拉列表中可以选取用于添加到项目中的音乐。

"变化"选项：在弹出的下拉列表中可以选择不同的乐器和节奏，并将其应用到所选择的音乐中。

"播放所选的音乐"按钮 ![icon]：单击此按钮，播放应用"变化"的音乐。

"添加到时间轴"按钮 ![icon]：单击此按钮，可以将所选择的音乐插入到时间轴的音乐轨上。

"SmartSound Quicktracks"按钮 ![icon]：单击此按钮，将弹出一个对话框，在此查看和管理 SmartSound 素材库。

"自动修整"复选框：勾选此复选框，将基于飞梭栏的位置修整音频素材，使它与视频相配合。

3. 录制声音

添加语音旁白或影片配音的操作方法有很多种，可以利用数码产生的录音功能，如录音笔、MP3 播放器、数码相机或摄像机录制语音，然后输入计算机作为音频文件插入，也可以在会声会影里用麦克风直接录制语音旁白。

将麦克风插入声音卡的 Linein 或 Mic 接口后，双击 Windows 快捷方式栏上的音量按钮 ，如图 8-8 所示。在弹出的"主音量"对话框中选择"选项 > 属性"命令，如图 8-9 所示。

弹出"属性"对话框，在"混音器"选项的下拉列表中选择"Realtek HD Audio Input"选项，选择"录音"单选项，并勾选"录音控制"、"CD 音量"、"麦克风音量"、"线路音量"复选框，如图 8-10 所示。

图 8-8

图 8-10

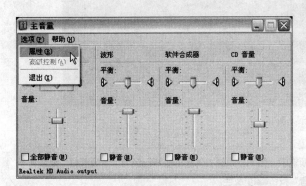

图 8-9

单击"确定"按钮，根据录音设备所选择的连接方式在对话框中选中相应的音量控制选项。如果麦克风接入声卡的 Line In 接口，勾选"线路音量"底部的"静音"复选框；如果麦克风接入的是声卡是 Mic 接口，勾选"麦克风音量"底部的"静音"复选框，如图 8-11 所示。

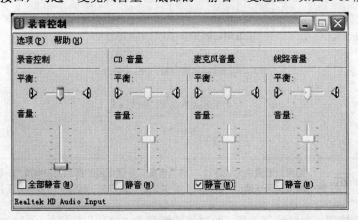

图 8-11

进入会声会影编辑器，单击"素材库面板"中的"音频"按钮 ，切换到音频素材库，拖动时间轴上的当前位置标记到需要添加声音的起始位置，如图 8-12 所示。

图 8–12

提 示　　声音只有录制到音频轨中，如果音频轨上对应的位置已经有了音频素材，那么将不能录制声音，并且"录音"按钮呈灰色。

单击选项面板中的"录音"按钮，弹出"调整音量"对话框，该对话框是用来测试音量大小的，试着对麦克风说话，指示格的变化将反映出音量大小，越往两边音量越大，如图 8-13 所示。

图 8–13

提 示　　如果对着麦克风说话时，"调整音量"对话框里的指示格没有反应，请检查麦克风与声卡连接是否正确，一些耳机上有关录音切换开关，检查一下是否处于打开状态。

单击"开始"按钮，即可录制声音（此时该按钮变为"停止"按钮），录制的同时可以听到录制的声音，时间轴标记同时移动显示当前录制的声音对应的画面位置。

当音乐录制到所需要地方后，单击"停止"按钮或按快捷键<Esc>停止录制，这时，录制的声音将出现在声音轨上，如图 8-14 所示。

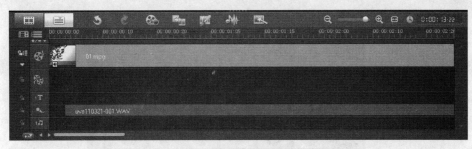

图 8-14

提 示　　如果希望录制指定长度的声音文件，可以先在选项面板的"区间"中指定要录制的声音长度，然后单击"录音"按钮开始录制。录制到指定的长度后，程序将自动停止录音。

4. 从文件中添加声音

从素材库中添加现有的音频是最基本的操作，可以将其他音频文件添加到素材库扩充，以便以后能够快速调用。

单击素材库面板中的"音频"按钮🎵，切换到音频素材库，单击素材库右上角的"添加"按钮⬜，在弹出的对话框中找到音频素材所在的路径，并选择需要添加的素材，如图 8-15 所示。

提 示　　即使选中的是一个 AVI、MOV 或 MPEC 格式的视频文件，单击"打开"按钮，也可以将视频中的声音分离出来单独添加到声音的素材库中。

单击"打开"按钮，在弹出的"改变素材顺序"对话框中，以拖曳的方式调整音频素材的排列顺序，如图 8-16 所示。

图 8-15

图 8-16

单击"确定"按钮，将选中的声音文件添加到素材库中，如图 8-17 所示。

图 8-17

选中素材库中的一个声音文件，将其选中并拖曳至"声音轨"或"音乐轨"上，释放鼠标，完成从素材库添加声音的操作，如图 8-18 所示。

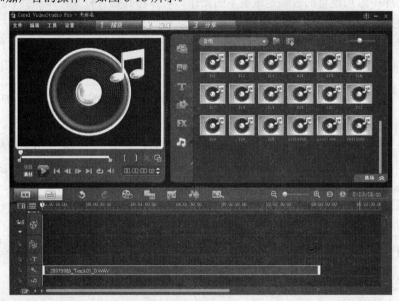

图 8-18

 **提 示** 会声会影支持音频的输入格式包括 Dolby Digtal Stereo、Dolby Digtal 5.1、MP3、MPA、Quick Time、WAV、Windows Media Format，不支持 RM 文件的输入，编辑完成的声音文件可以输出为 RM 格式。

5. 转存 CD 音频

使用会声会影，可以将音乐 CD 上的曲目转换为 WAV 格式保存到硬盘上，也可以将转换后的音频文件直接添加到当前项目中。

将 CD 光盘放入光驱中，在会声会影编辑器中，单击素材库面板中的"音频"按钮 🎵，在音频选项面板中，切换到"音乐和声音"选项面板，单击"从音频 CD 导入"按钮 💿，弹出"转存 CD 音频"对话框，在 CD 曲目列表中，勾选要转存的曲目前面的复选框，如图 8-19 所示。

提 示 选中列表中一个曲目，单击对话框左上方的"播放所选文件"▶，即可试听效果。

单击"输出文件夹"选项右侧的"浏览"按钮，在弹出的"浏览文件夹"对话框中选择要转存后的音频文件路径，如图 8-20 所示。

图 8-19   图 8-20

单击"质量"选项右侧的下拉按钮，在弹出的下拉列表中选择转换后的声音文件的质量，如图 8-21 所示。

如果在下拉列表中选择"自定义"选项，再次单击右侧的"选项"按钮，在弹出的对话框中则可以进一步设置音频的压缩格式以及高级属性，如图 8-22 所示。

图 8-21   图 8-22

单击"文件命名规则"右侧的下拉按钮，在弹出的下拉列表中选择转换后的音频文件的命名规则，如图 8-23 所示。

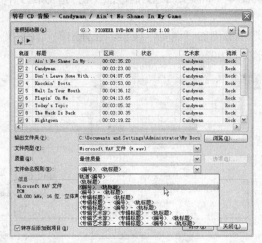

图 8-23

 提 示 勾选对话框中的"转存后添加到项目"复选框，CD 上的音频文件保存到硬盘上以后，将被添加到项目中。

设置完成后，单击"转存"按钮，选中的曲目将按照指定的格式和命名方式保存到硬盘上以后， 转存完成后，单击"关闭"按钮。

6. 将视频与音频分离

在进行视频编辑时，有时需要将一个视频素材的视频部分和音频部分分离，然后替换其他的音频或者音频部分做进一步的调整。

启动会声会影，在启动面板中选择"高级编辑"模式，在时间轴上选择要分离的视频素材，包含音频的素材略图左下角显示 图标，如图 8-24 所示。

音频图标

图 8-24

单击选项面板中"分割音频"按钮，影片中的音频部分将与视频分离，并自动添加到音频轨上，此时，素材的略图左上角将显示图标，表示视频素材中已经不包含声音，如图 8-25 所示。

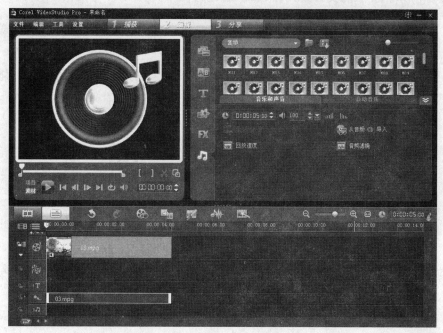

图 8-25

提 示 在时间轴面板中选择要分离的视频素材后，单击鼠标右键，在弹出的菜单中选择"分割音频"命令。

8.1.4 【实战演练】——制作为影片添加声音

使用"插入视频"命令为"视频轨"插入素材。使用"添加"命令为素材库添加音频素材。使用"声音轨"为影片添加声音效果。（最终效果参看光盘中的"Ch08 > 制作为影片添加声音 > 制作为影片添加声音.VSP"，如图 8-26 所示。）

图 8-26

8.2 制作音频的淡入淡出效果

8.2.1 【操作目的】

使用"插入照片"命令为"视频轨"插入素材，使用随机转场为素材之间制作转场特效。使用"淡入"和"淡出"按钮为音频制作淡入淡出效果。（最终效果参看光盘中的"Ch08 > 制作音频的淡入淡出效果 > 制作音频的淡入淡出效果.VSP"，如图 8-27 所示。）

图 8-27

8.2.2 【操作步骤】

步骤 1 启动会声会影，在启动面板中选择"高级编辑"模式，如图 8-28 所示，进入高级编辑模式操作界面。

步骤 2 单击"时间轴"面板中的"时间轴视图"按钮 ▤，切换到时间轴视图。选择"文件 > 将媒体文件插入到时间轴 > 插入照片"命令，在弹出的"浏览照片"对话框中选择光盘目录下"Ch08 > 素材 > 制作音频的淡入淡出效果 > 01、02、03、04、05、06"文件，单击"打开"按钮，所选中的素材被插入到时间轴面板中，效果如图 8-29 所示。

图 8-28

图 8-29

步骤 3 单击素材库面板中的"转场"按钮 █，切换到转场素材库，单击素材库中的"画廊"按钮，在弹出的列表中选择"全部"选项，在素材库中选择"溶解"转场，单击"对视频轨应用随机效果"按钮 ，将随机转场应用到视频轨中的素材之间，效果如图 8-30 所示。

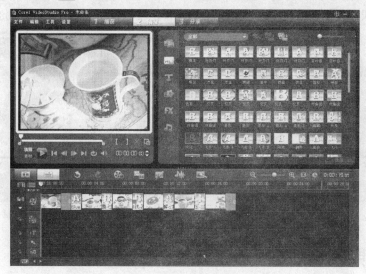

图 8-30

步骤 4 单击素材库面板中的"音频"按钮 ，切换到音频素材库，在素材库中选择音频文件"M02"，将其拖曳到音乐轨中，如图 8-31 所示。将鼠标置于黄色标记的右侧，此时鼠标指针呈双向箭头 ，按住鼠标并向左拖曳改变素材的长度，如图 8-32 所示。

图 8-31

图 8-32

步骤 5 在"属性"选项卡面板中分别单击"淡入"按钮 和"淡出"按钮 ，制作音频淡入淡出效果，如图 8-33 所示。在预览窗口中单击播放按钮观看效果，如图 8-34 所示。

图 8-33   图 8-34

8.2.3 【相关工具】

1. 修整音频素材

将声音或背景音乐添加到音频轨或音乐轨中后，可以根据影片的需要修整音频素材。首先在时间轴上单击"声音轨"按钮 或"音乐轨"按钮 ，切换到相应的轨，然后使用以下一步的方法来修整音频素材。

◎ 使用略图修整

使用略图修整是最为快捷的方式，但它的缺点是不容易精确地控制修剪的位置。

在时间轴中选择需要修整的音频素材，选中的音频素材两端将以黄色标记表示，如图 8-35 所示。

将鼠标置于黄色标记处，此时鼠标指针呈双向箭头 、 ，按住鼠标并拖曳改变素材的长度，如图 8-35 所示，选项面板中的"区间"中将显示调整后的音频素标的长度，如图 8-37 所示。

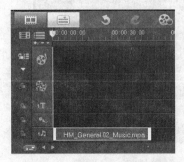

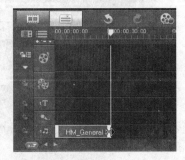

图 8-35   图 8-36

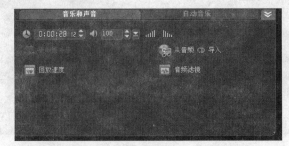

图 8-37

◎使用修整栏修整

使用修整栏和预览栏修整音频素材是最为直观的方式，可以使用这种方式对音频素材"掐头去尾"。

在相应的音频轨上选中需要修整的素材。

单击导览面板中的"播放"按钮，播放选中的素材，听到所设置起始帧的位置时，按<F3>键，将当前位置设置为开始标记点。

再次单击导览面板中的"播放"按钮，听到需要设置结束帧时，按<F4>键，将当前位置设置为开始结束点。这样，程序就会自动保留开始标记与结束标记之间的素材。

◎ 延长音频区间

当音乐长度短于对应的视频长度，就需要"加长"音乐与之相匹配。除了"自动音乐"素材以外，其他音乐素材不能无端变长，但是可以将其头尾累加起来使之延长。如果音乐片段尾旋律差别不明显，累加效果就比较好。

单击素材库面板中的"音频"按钮，切换到音频素材库，单击素材库右上角的"添加"按钮，在弹出的对话框中找到音频素材所在的路径，并选择需要添加的素材，单击"确定"按钮，将选中的声音文件添加到素材库中，如图8-38所示。

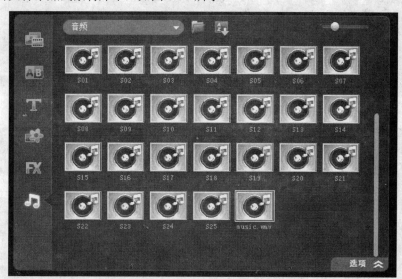

图8-38

从素材库中将刚刚添加到音频素材拖曳至"音乐轨"中，使其左端紧贴前一个音频素材的右端，如图8-39所示。重复此操作，直到累加的音频素材经对应的视频素材长，如图8-40所示。

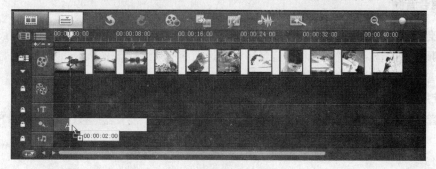

图8-39

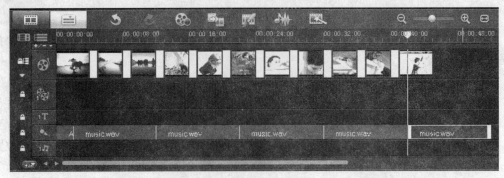

图 8-40

选中最后一段音频素材，向左拖曳素材右边的黄色标记与对应的视频素材结束画面对齐，如图 8-41 所示，释放鼠标，效果如图 8-42 所示。

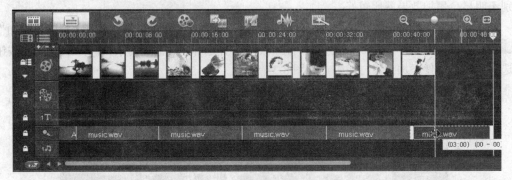

图 8-41

图 8-42

2. 混合音频

会声会影的时间轴视图中有两个音频轨：声音轨和音乐轨。在混合音频的时候，最重要的就是调节音频素材的音量。音频素材的音量可以在选项面板上进行调节，还可以在"混音"面板中对不同的音轨的音量进行设置。

◎ 使用音频混合器控制音量

在声音轨或音乐轨中添加一个音频素材，单击工具栏中的"混音器"按钮 ，如图 8-43 所示。

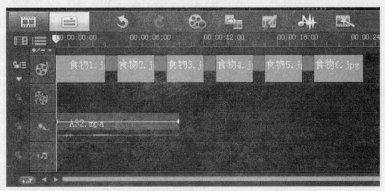

图 8-43

在选项面板上单击鼠标选择要调整音频的一个轨，在这里选择"声音轨"，被选中的轨以橘黄色显示，如图 8-44 所示。

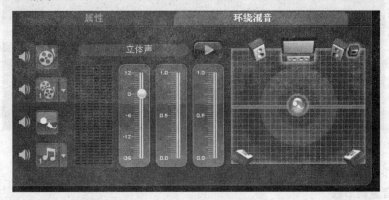

图 8-44

单击选项面板中的"播放"按钮 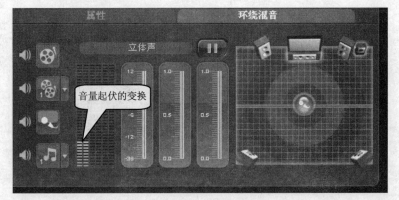，即可试听选择的轨道的音频效果，并且可在混合器中看到音量起伏的变换，如图 8-45 所示。

图 8-45

上下拖曳混音器中央的滑块，如图 8-46 所示，可以实时调整当前所选择的音轨的音量。

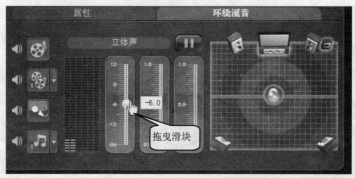

图 8-46

在调整轨道素材音量的同时,在时间轴中可以观看音量变化曲线,如图 8-47 所示。

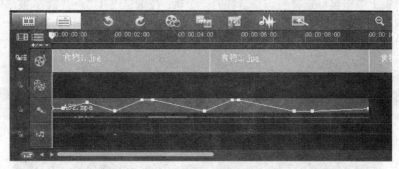

图 8-47

若要停止时,单击混音器中的"停止"按钮 ,可停止播放项目。

◎ **使用音量调节线**

除了使用音频混合器控制声音的音量变化外,也可以直接在相应的音频轨上使用音量调节线制作不同位置的音量。音量调节线是轨中央的水平线,如图 8-48 所示。在时间轴上,单击鼠标选择要调整音量的音频素材,如图 8-49 所示。

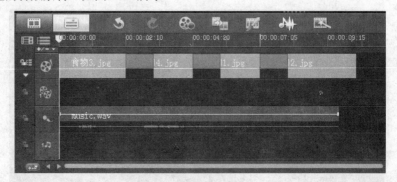

图 8-48

图 8-49

将鼠标指针置于音量调节线处,此时鼠标指针呈↑状时,如图 8-50 所示,单击鼠标,即可添加一个关键帧,如图 8-51 所示。

图 8-50

图 8-51

向上或向下拖曳添加的关键帧，可以增大或减小素材在当前位置上的音量，如图 8-52 所示。

图 8-52

重复上面的操作步骤，可以将更多关键帧添加到调节线并调整音量，效果如图 8-53 所示。

图 8-53

 提 示 在"音频轨"上选中一个音频素材，单击鼠标右键，在弹出的菜单中执行"重置音量"命令，可以将调整后的音量调节线恢复到初始状态。

◎ **复制音频的声道**

有时音频文件会把歌声和背景音频分开并放到不同的声道上。

在"音频"步骤选项面板中，选择"属性"面板，如图 8-54 所示。

勾选"复制声道"复选框可以使其声道静音。例如，左声道是歌声，右声道是背景音乐。选择"右"单选项可以使歌曲的声音部分静音，仅保留要播放的背景音乐，如图 8-55 所示。

图 8-54

图 8-55

◎ **左右声道分离**

在编辑影片时，常常需要制作左右声道分离的效果。例如，制作喜庆录像片，可以使一个声道保持现场原声，另一个声道配音乐，用户在两个声道间自由切换。

在视频轨、声音轨或音乐轨上添加视频和音频文件。选择"声音轨"中的文件，单击工具栏中的"混音器"按钮 ，弹出"环绕混音"选项卡，如图 8-56 所示。

图 8-56

在"视频轨"上单击鼠标选择视频素材，在预览窗口中拖动擦洗器 ，将其移动到视频的起始位置，如图 8-57 所示。

图 8-57

在预览窗口下方将播放模式设置为项目播放 模式。在选项面板上将环绕混音符滑块拖曳到最左侧，表示将视频轨的声音放到左侧，如图 8-58 所示。

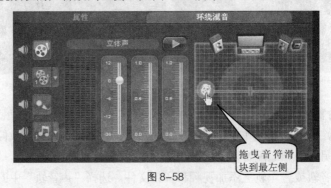

拖曳音符滑块到最左侧

图 8-58

调整完成后，单击选项面板上的"播放"按钮 ，要以看到只有最左侧的声道闪亮，如图 8-59 所示。

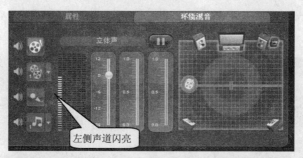

左侧声道闪亮

图 8-59

在声音轨上单击鼠标，使其处于被选中的状态，如图 8-60 所示。

图 8-60

在预览窗口下方再次将播放模式设置为项目播放模式，在预览窗口中拖动擦洗器 ，将其移动到视频的起始位置，如图 8-61 所示。

图 8-61

在选项面板上将环绕混音中的音符滑块拖曳到最右侧，表示将声音轨的声音放到最右侧，如图 8-62 所示。

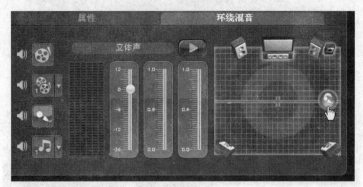

图 8-62

调整完成后，单击选项面板上的"播放"按钮 ，要以看到只有最右侧的声道闪亮，如图 8-63 所示。

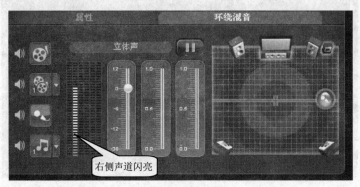

右侧声道闪亮

图 8-63

设置完成后，刻录并输出影片，就可以制作左右声道分离效果。

◎ 添加淡入和淡出效果

在编辑影片的过程中，可能应用了多种声音，为了更好地表达它们的主次关系，使它们和视频有机地结合在一起，需要对这些声音进行适当地处理。淡入、淡出就是对声音进行平滑过渡处理的常用手段。

将一段音频素材添加至时间轴视图的"音乐轨"上，如图 8-64 所示。

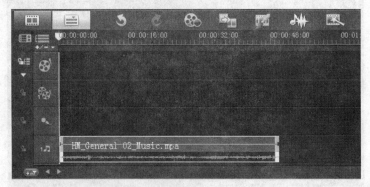

HM_General 02_Music.mpa

图 8-64

在"音乐轨"中选择添加的音频素材，单击工具栏中的"混音器"按钮 ，弹出选项卡，单击右侧的"属性"选项卡，切换到"属性"选项卡面板，在选项卡面板中分别单击"淡入"按钮 和"淡出"按钮 ，如图 8-65 所示。

图 8-65

为音频素材设置好淡入淡出效果后，此时系统将根据默认的参数设置为音频素材设置了淡入与淡出的时间，而音频的淡入与淡出时间，也可以自定义。

选择"设置 > 参数选择"命令或按<F6>键，弹出"参数选择"对话框，选择"编辑"选项卡，在"默认音频淡入/淡出区间"对话框中输入所需要数值，如图 8-66 所示，单击"确定"按钮，完成设置。此时，为音频素材设置了淡入淡出效果，淡入与淡出的延迟时间为 2s。

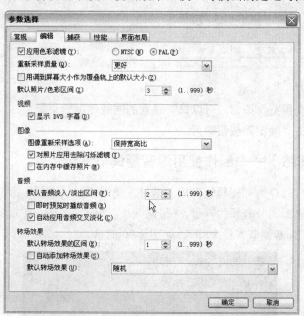

图 8-66

◎ **设置回放速度**

在进行视频编辑时，可以改变音频的回放速度，使它与影片能够更好地融合。

在相应的轨的音频上选择需要调整的音频素材。在"声音和音乐"选项卡面板中单击"回放速度"按钮 ，弹出"回放速度"对话框，如图 8-67 所示。

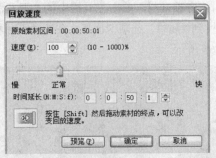

图 8-67

在"速度"数值框中输入所需要的数值，或拖动滑块可以调整音频的速度。较慢的速度可以使素材的播放时间更长，而较快的速度可以使音频的播放时间更短，如图 8-68 和图 8-69 所示。

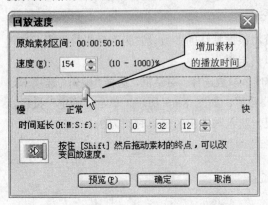

图 8-68

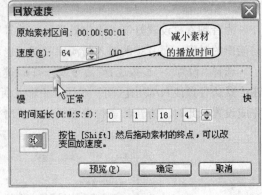

图 8-69

单击对话框中的"预览"按钮，可以试听设置的回放速度效果。

设置完成后，单击"确定"按钮即可。

8.2.4 【实战演练】——制作使用混音器调节音量

使用"插入视频"命令为"视频轨"插入素材。使用"插入音频"命令为"声音轨"添加音频文件。使用"混音器"调节音频的音量。（最终效果参看光盘中的"Ch08 > 制作使用混音器调节音量 > 制作使用混音器调节音量.VSP"，如图 8-70 所示。）

图 8-70

8.3　制作删除噪声效果

8.3.1　【操作目的】

使用"三维"转场为视频素材添加转场特效。使用"属性"面板设置转场的播放时间。使用"音频滤镜"按钮为音频素材添加删除噪声效果。（最终效果参看光盘中的"Ch08 > 制作删除噪声效果 > 制作删除噪声效果.VSP"，如图 8-71 所示。）

图 8-71

8.3.2　【操作步骤】

步骤 1　启动会声会影，在启动面板中选择"高级编辑"模式，如图 8-72 所示，进入高级编辑模式操作界面。

图 8-72

步骤 2　选择"文件 > 将媒体文件插入到时间轴 > 插入视频"命令，在弹出的"打开视频文件夹"对话框中选择光盘目录下"Ch08 > 素材 > 制作删除噪声效果 > 01、02、03"文件，单击"打开"按钮，弹出提示对话框，单击"确定"按钮，所选中的视频素材被插入到故事板中，效果如图 8-73 所示。

图 8-73

步骤 ③ 单击素材库面板中的"转场"按钮 🔲，切换到转场素材库，单击素材库中的"画廊"按钮，在弹出的列表中选择"三维"选项，在素材库中选择"手风琴"转场，将其拖曳到"01"和"02"文件之间，使用相同的方法，将"挤压"转场拖曳到"02"和"03"文件之间，如图 8-74 所示。双击转场特效，在"属性"面板中，将区间更改为 2s，如图 8-75 所示。

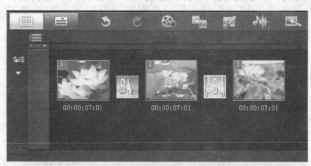

图 8-74

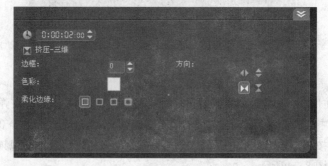

图 8-75

步骤 ④ 单击素材库面板中的"音频"按钮 🎵，切换到音频素材库，在素材库中选择音频文件

"M14"，将其拖曳到音乐轨中，如图 8-76 所示。单击"选项"按钮，弹出选项面板。在"属性"选项卡面板中单击"音频滤镜"按钮 ，弹出"音频滤镜"对话框，在"可用滤镜"选项列表中选择"删除噪声"滤镜，单击"添加"按钮，单击"选项"按钮，在弹出的"删除噪声"对话框中进行设置，如图 8-77 所示，单击两次"确定"按钮。

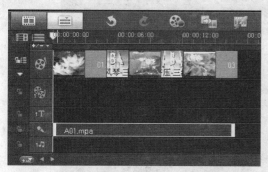

图 8-76

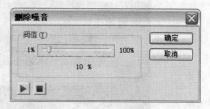

图 8-77

步骤 5 在预览窗口中单击播放按钮观看效果，试听音频效果，如图 8-78 所示。

图 8-78

8.3.3 【相关工具】应用音频滤镜

会声会影提供了"NewBlue 干扰去除器"、"NewBlue 减噪器"、"NewBlue 清洁器"、"NewBlue" 音频润色、"NewBlue 噪音渐变器"、"NewBlue 自动静音"、"长回音"、"长重复"、"嗒声去除"、"等量化"、"放大"、"共鸣"、"回音"、"混响"、"删除噪音"、"声音降低"、"嘶境降低"、"体育场"、"音调偏移"和"音量级别"20 种音频滤镜，其中，"放大"和"删除噪音"最常用，只有在时间轴模式下才可以应用音频滤镜。

◎ **使用音频滤镜的步骤**

单击"时间轴"面板中的"时间轴视图"按钮 🔲，切换到时间轴视图。选择要应用音频滤镜的音频素材，如图 8-79 所示。

图 8-79

单击选项面板中的"音频滤镜"按钮 ，弹出"音频滤镜"对话框，在"可用滤镜"列表框中选择需要的音频滤镜，如图 8-80 所示，单击"添加"按钮，将其添加到"已用滤镜"列表框中，如图 8-81 所示。

图 8-80

图 8-81

重复上一步骤，可以给同一音频添加更多的"音频滤镜"，此时如果"选项"按钮可用，证明对此"音频滤镜"可以进一步设置，如图 8-82 所示。

图 8-82

◎ 使用"放大"音频滤镜

回顾前面介绍的调节音量的方法，我们发现最多能放大声音到原来的 5 倍，然而"放大"这个"音频滤镜"可以将声音放大到原来的 20 倍，这对于需要高度放大的声音非常实用，如图 8-83 所示。

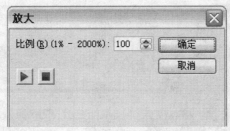

图 8-83

◎ 使用"删除噪音"音频滤镜

如果录音时环境嘈杂,录制的声音噪声就会比较明显,所以,"删除噪音"这个"音频滤镜"可以有效降低噪声的干扰,使声音更干净,如图 8-84 所示。

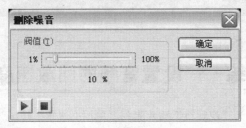

图 8-84

8.3.4 【实战演练】——制作音调偏移效果

使用"插入视频"命令为"视频轨"插入素材。使用音频素材库添加声音文件。使用"音频滤镜"为素材添加音调偏移效果。(最终效果参看光盘中的"Ch08 > 制作音调偏移效果 > 制作音调偏移效果.VSP",如图 8-85 所示。)

图 8-85

8.4 综合演练——制作录制音频效果

使用"插入视频"命令为"视频轨"插入素材。使用任务栏中的音量按钮和"录制画外音"按钮为影片录制声音。(最终效果参看光盘中的"Ch08 > 制作录制音频效果 > 制作录制音频效果.VSP",如图 8-86 所示。)

图 8-86

8.5 综合演练——设置音频的回放速度

使用"插入视频"命令为"视频轨"插入素材。使用"遮罩"转场为视频素材添加转场效果。使用音频素材库为影片添加音频素材。使用"回放速度"按钮设置影片的播放时间。（最终效果参看光盘中的"Ch08 > 设置音频的回放速度 > 设置音频的回放速度.VSP"，如图 8-87 所示。）

图 8-87

第**9**章　文件输出

在"分享"步骤中，影片的输出的大部分工作是通过"选项卡"操作完成的，用户只需要在选项卡中选择不同的选项，就可将影片按照不同的方式输出。选项卡的"创建文件视频"选项中又提供了多种影片模板，方便用户将影片输出为不同的视频格式。

 课堂学习目标

- 渲染输出影片
- 导出影片

9.1　制作 DVD 影片

9.1.1【操作目的】

使用"摇动和缩放"命令为静态图像制作摇动缩放效果。使用"交叉淡化"转场为素材制作过渡效果。使用"项目属性"制作输出影片的格式。（最终效果参看光盘中的"Ch09 > 制作 DVD 影片 > 制作 DVD 影片.mpg"，如图 9-1 所示。）

图 9-1

9.1.2【操作步骤】

步骤 1　启动会声会影，在启动面板中选择"高级编辑"模式，如图 9-2 所示，进入高级编辑模式操作界面。

步骤 2 选择"文件 > 将媒体文件插入到时间轴 > 插入照片"命令，在弹出的"浏览照片"对话框中选择光盘目录下"Ch05 > 素材 > 制作 DVD 影片> 01、02、03、04、05、06、07、08"文件，单击"打开"按钮，所选中的素材被插入到故事板中，效果如图9-4所示。

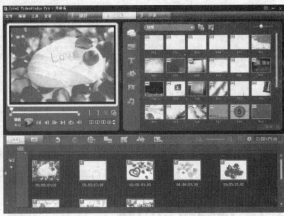

图 9-2   图 9-3

步骤 3 在故事板中双击"01"文件，在"照片"选项卡面板中选择"摇动和缩放"单选项，如图 9-4 所示，预览窗口中如图 9-5 所示。使用相同的方法为其他文件应用"摇动和缩放"效果。

图 9-4   图 9-5

步骤 4 单击素材库面板中的"转场"按钮 ，切换到转场素材库，单击素材库中的"画廊"按钮，在弹出的列表中选择"全部"选项，在素材库中选择"交叉淡化"转场，单击"对视频轨应用当前效果"按钮 ，将当前转场应用于所有文件之间，如图9-6所示。

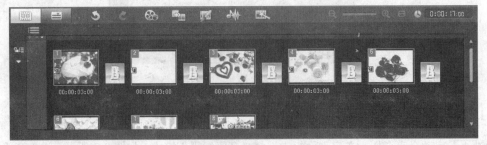

图 9-6

步骤 5 选择"设置 > 项目属性"命令，弹出"项目属性"对话框，在"编辑文件格式"下拉列表中选择"**Microsoft AVI files**"选项，如图 9-7 所示。单击"编辑"按钮，在"项目选项"对话框中选择"常规"选项卡，各选项的设置如图 9-8 所示。选择"AVI"选项卡，各选项的设置如图 9-9 所示，单击三次"确定"按钮完成设置。

图 9-7 　　　　　　　　图 9-8 　　　　　　　　图 9-9

步骤 6 单击步骤选项卡中的"分享"按钮 **3 分享** ，切换至分享面板。单击"创建视频文件"按钮，在弹出的列表中选择"DVD > PAL DVD（4:3）"选项，在弹出的"创建视频文件"对话框中设置文件各称和保存路径，如图 9-10 所示。单击"选项"按钮，在弹出的对话框中进行设置，如图 9-11 所示，单击"确定"和"保存"按钮，系统开始渲染输出视频文件。

图 9-10 　　　　　　　　　　　　图 9-11

9.1.3【相关工具】

1."分享"面板

在会声会影中添加各种视频、图像、音频素材以及转场效果后，单击步骤选项卡中的"分享"按钮 **3 分享** ，切换至分享面板。在分享选项卡中，可以渲染项目，并将创建完成的影片按照指定的格式输出。"分享"步骤选项面板如图 9-12 所示。

"创建视频文件"按钮 ：将编辑的影片输出为可以在计算机上播放的视频文件，如图 9-13 所示。

图 9-12　　　　　　　　　　　　　　　　　　　　　图 9-13

使用当前项目设置创建影片文件，可以选择"与项目设置相同"选项。或者，选择一个预设的影片模板。这些模板可以创建适合于 Web 或输出为 DV、DVD、WMV 和 MPEG-4 的影片文件。要检查当前项目设置，先选择"工具 > 项目设置"命令，在弹出的对话框中进行设置。要查看由影片模板提供的保存选项，先选择"工具 > 制作影片模板管理器"命令，在弹出的对话框中进行设置，还可以通过选择"与第一个视频素材相同"选项来使用视频轨上的第一个视频素材的设置。

为影片输入所要的文件名，然后单击"保存"按钮。影片文件随后将保存并放入视频库。

要节省渲染时间，首先对源视频（例如，捕获的视频）、会声会影 项目和影片模板使用相同的设置，还可以局部渲染项目。智能渲染技术通过只渲染上一次渲染操作中修改的部分，可节省生成预览的时间。

提 示　可以单击进度栏中的暂停停止渲染，并在准备就绪后继续。也可以在渲染时启动回放或停止预览以对项目进行更快、更有效的渲染，如图 9-14 所示。

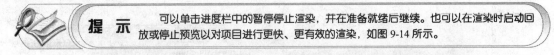

图 9-14

"创建声音文件"按钮 ：将视频中的声音提取出来单独渲染为声音文件。

"创建光盘"按钮 ：使用光盘向导将影片刻录为 VCD、SVCD 或 DVD。

"项目回放"按钮 ：将影片在显示器或电视机等视频设备上进行回放，还可以将影片录制到摄像机或录像机中。

"DV 录制"按钮 ：单击此按钮，在弹出的对话框中可以将视频文件直接输出到 DV 摄像机并将它录制到 DV 录像带上。

"HDV 录制"按钮 ：单击此按钮，在弹出的对话框中可以将视频文件直接输出到 HDV 摄像机并将它录制到 HDV 录像带上。

"导出到移动设备"按钮 ：使用向导可以利用 Ulead DVD-VR 向导刻录视频，将视频录制到 DV、输出到电子邮件、网页或者制作成贺卡。只在创建了视频文件后才可以此选项。

"上传到 YouTube"按钮 ：单击此按钮，可以将视频文件或素材上传到 YouTube 网页。

"Vimeo"按钮 **vimeo**：单击此按钮，可以将视频文件或素材上传到 Vimeo 网页。

2. 创建视频文件的预览范围

单击步骤选项卡中的"编辑"按钮 **2 编辑**，切换至编辑面板，在"视频"素材库中选择要添加的视频文件，将其拖曳至"视频轨"中，如图 9-15 所示。

图 9-15

选择"文件 > 保存"命令，在弹出的"另存为"对框中指定文件的保存路径和名称，单击"保存"按钮，将当前项目保存在指定的文件夹。

拖曳时间轴上的当前位置标记，到要截取的视频片段的起始位置，按<F3>键，这时，在时间轴上方可以看到一条橘红色的预览线，如图 9-16 所示。

图 9-16

拖曳时间轴上的当前位置标记，到要截取的视频片段的结束位置，按<F4>键，这时，在时间轴上方的橘红色预览线标记的区域就是用户所指定的预览范围，如图 9-17 所示。

图 9-17

单击步骤选项卡中的"分享"按钮 <u>3 分享</u>，切换至分享面板。单击选项面板中的"创建视频文件"按钮，在弹出的列表中选择"自定义"选项，弹出"创建视频文件"对话框，单击对话框下方的"选项"按钮，在弹出的对话框中选择"预览范围"单选项，如图 9-18 所示，单击"确定"按钮，返回到对话框中，在"文件名"文本框中输入名称，单击"保存"按钮，程序开始自动对预览范围进行渲染，程序自动将生成的文件添加到素材库中，并在预览窗口中播放，如图9-19 所示。

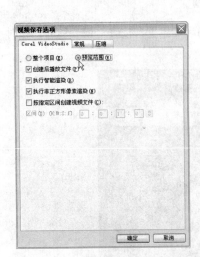

图 9-18

图 9-19

3. 单独输出影片中的声音素材

单击步骤选项卡中的"分享"按钮 <u>3 分享</u>，切换至分享面板。单击选项面板中的"创建声音文件"按钮，在弹出的"创建声音文件"对话框中选择声音文件保存的名称、路径以及格式，如图 9-20 所示。

图 9-20

单击对话框下方的"选项"按钮，在弹出的"音频保存选项"对话框中可以设置声音文件的属性，如图 9-21 和图 9-22 所示，设置完成后，单击"确定"按钮，即可将视频中所包含的音频部分单独输出。

图 9-21

图 9-22

4. 自定义视频文件输出模板

会声会影预置了一些输出模板，以便于影片输出操作，如图 9-23 所示，这些模板定义了几种常用的输出文件格式及压缩码和质量等输出参数。不过，在实际应用中，这些模板可能太少，也许不能满足用户的需求。虽然可以进行自定义，但是每次都需要打开多个对话框，操作过程过于繁琐，此时，就需要自定义视频文件输出模板，以便提高影片的输出效率。

图 9-23

◎ **建立 PAL DV 类型 2 格式输出模板**

DV 格式是 AVI 格式的一种，输出的影像质量几乎没有损失，但文件尺寸会非常大。当要以最高质量输出时，或要回录到 DV 当中时，可选择 DV 格式。

选择"设置 > 制作影片模板管理器"命令，弹出"制作影片模板管理器"对话框，如图 9-24 所示，在对话框中单击"新建"按钮，弹出"新建模板"对话框，如图 9-25 所示。

图 9-24

图 9-25

在对话框的"模板名称"对话框中输出名称"PAL DV 类型 2",单击"确定"按钮,弹出"模板选项"对话框,如图 9-26 所示,选择"常规"选项卡,各选项的设置如图 9-27 所示。

图 9-26

图 9-27

选择"AVI"选项卡,单击"压缩"选项右侧的下拉按钮,在弹出的下拉列表中选择"DV 视频编码器—类型 2"选项,如图 9-28 所示,单击"确定"按钮,返回到"制作影片模板管理器"对话框中,此时,新创建的模板出现在该对话框的"可用的影片模板"列表框中,如图 9-29 所示,单击"关闭"按钮,完成模板的创建。

图 9-28

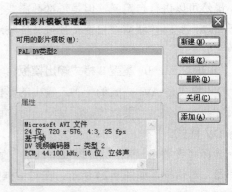

图 9-29

◎ 建立 PAL DVD **格式输出模板**

DVD 是一种高质量视频压缩格式，影像质量稍逊于 DV 格式，输出的视频文件要比 DV 格式小，一般用于制作 DVD 光盘。在"制作影片模板管理器"对话框中单击"新建"按钮，弹出"新建模板"对话框，单击"文件格式"选项右侧的下拉按钮，在弹出列表中选择一种要输出的文件格式，并在"模板名称"对话框中输出"PAL DVD 高质量"，如图 9-30 所示。

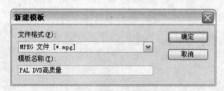

图 9-30

单击"确定"按钮，在弹出的"模板选项"对话框中各选项的设置如图 9-31、图 9-32 和图 9-33 所示，单击"确定"按钮，即可完成模板的创建。

图 9-31

图 9-32

图 9-33

9.1.4【实战演练】——制作单独输出视频中的音频

使用"插入视频"命令为"视频轨"插入素材。使用"创建音频文件"命令单独输出音频文件。（最终效果参看光盘中的"Ch09 > 制作单独输出视频中的音频 > 制作单独输出视频中的音频.wma"，如图 9-34 所示。）

图 9-34

9.2 制作刻录光盘

9.2.1【操作目的】

使用"插入视频"命令为"视频轨"插入素材。使用"创建光盘"命令刻录 DVD 光盘。(最终效果参看光盘中的"Ch09 > 制作刻录光盘 > 制作刻录光盘.VSP",如图 9-35 所示。)

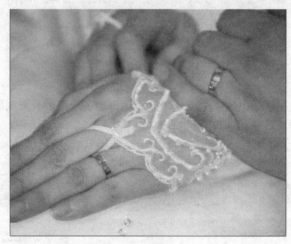

图 9-35

9.2.2【操作步骤】

步骤 1 启动会声会影,在启动面板中选择"高级编辑"模式,如图 9-36 所示,进入高级编辑模式操作界面。

步骤 2 选择"文件 > 将媒体文件插入到时间轴 > 插入视频"命令,在弹出的"打开视频文件夹"对话框中选择光盘目录下"Ch09 > 素材 > 制作刻录光盘 > 01"文件,单击"打开"按钮,所选中的视频素材被插入到故事板中,效果如图 9-37 所示。

图 9-36

图 9-37

步骤 3 单击步骤选项卡中的"分享"按钮 3 分享 ,切换至分享面板。单击"创建光盘"按钮 ,如图 9-38 所示,弹出"视频光盘"窗口,将"项目名称"选项设为"婚庆纪念",在"选取光盘"下拉列表中选择"DVD",其他选项的设置如图 9-39 所示。

图 9-38　　　　　　　　　　　　　　图 9-39

步骤 4 单击窗口下方的"转到菜单编辑"按钮，转到"婚庆纪念"窗口，如图 9-40 所示。切换至"样式"面板，单击窗左下方的下拉列表，在弹出的列表中选择"趣味"选项，在右侧的略图中选择样式，如图 9-41 所示。

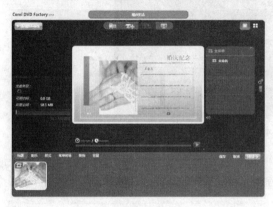

图 9-40　　　　　　　　　　　　　　图 9-41

步骤 5 单击窗口中的"播放"按钮，预览影片效果。如图 9-42 所示。预览完成后，单击"停止"按钮。

步骤 6 将 DVD 光盘放入光驱中，单击窗口右下方的"刻录"按钮，如图 9-43 所示，开始刻录 DVD 光盘。

图 9-42　　　　　　　　　　　　　　图 9-43

9.2.3【相关工具】

1. 刻录光盘

影片制作完成后，单击步骤选项卡中的"分享"按钮 3 分享，切换至分享面板。单击选项面板中的"创建光盘"按钮 ，弹出"视频光盘"窗口，如图 9-44 所示，可在其中录制影片项目或视频来制作 DVD 或 Blu-ray 光盘。

图 9-44

 提 示 也可以通过选择"会声会影启动程序"中的"刻录"选项启动"视频光盘"。

在窗口的左侧输入项目名称和所需的项目信息，在样式选项卡中选择一个菜单样式。单击底部的"转到菜单编辑"按钮，转到下一个窗口，可以为影片创建或编辑标题、配乐、样式、菜单转场、装饰和背景，如图 9-45 所示。

图 9-45

◎ **编辑标题**

要查看所有标题，单击界面右上角的"标题分类机"按钮 ▦，还可以双击标题选项卡中的略图。在标题上单击鼠标右键，在弹出的快捷菜单中可以选择"查看和编辑"命令，如图9-46所示。还可以选择"删除"选项从项目中删除标题。

通过按期望的顺序拖动素材，可以在项目中重新排列素材的顺序。

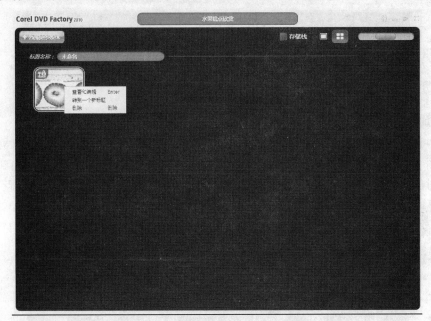

图9-46

◎ **更改背景音乐**

单击"配乐"标签，切换到相应的面板，如图9-47所示。单击"+更多音乐"按钮，可以浏览其他音乐文件，在"添加音乐"中，选取需要添加到"媒体托盘"的文件，单击"添加"按钮 [添加]。要更改音频文件配乐，单击在浏览略图时出现的加号按钮 ✚ 即可。

图9-47

◎ **更改背景音乐**

单击"样式"标签，切换到相应的面板，在"样式"下拉列表中选择类别，如图9-48所示。在略图上单击，样式将自动应用到项目中。

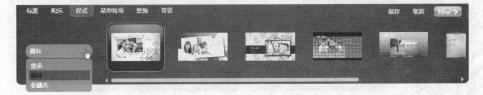

图9-48

边做边学——会声会影 X3 视频编辑案例教程

◎ 自定义菜单转场

单击"菜单转场"标签，切换到相应的面板，如图 9-49 所示。在下拉列表中可以选择"进入效果"或"退出效果"选项，同时右侧会显示各种类别的转场效果略图。为每个类别选择一个转场效果，选中的转场会作为进入和退出效果自动应用到项目。勾选"动画对象"复选框允许项目中出现动画。

图 9-49

◎ 添加装饰

单击"菜单转场"标签，切换到相应的面板，单击"+更多装饰"按钮浏览计算机中的装饰图案，如图 9-50 所示，单击"添加"按钮，添加装饰图案，要将装饰图案应用到项目中，单击略图时出现的加号按钮即可。在预览窗口中可以将装饰图案移动所需要的位置。

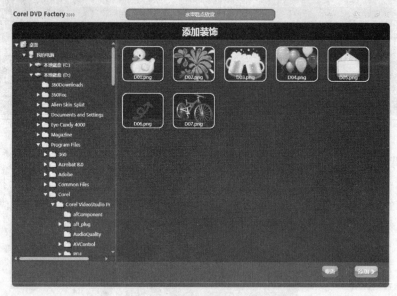

图 9-50

◎ 选择背景图像

单击"背景"标签，切换到相应的面板，如图 9-51 所示。单击"+更多背景"按钮浏览计算机中的背景图像，单击"转到菜单编辑"按钮，返回到窗口中。要将图像应用到项目中，单击所需背景的略图，图像将会自动应用到项目。勾选"自动伸展"复选框可以使选中的背景适合屏幕。

图 9-51

◎ **手动添加章节**

在主菜单下，单击界面上方的"创建章节"按钮 ，转到"章节"窗口，拖动滑动条转到特定帧或章节点，单击"添加章节"按钮 ，添加章节，如图 9-52 所示。

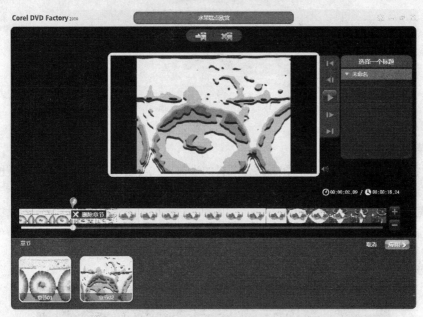

图 9-52

◎ **自动添加章节**

在主菜单下，单击界面上方的"创建章节"按钮 ，转到"章节"窗口，单击"按场景或固定间隔自动添加章节"按钮 ，启动"自动设置章节"面板，如图 9-53 所示。

图 9-53

间隔（分种）：在几分种的特定间隔处添加章节点。

每个场景：在每个场景变化处添加章节点。

勾选"应用到所有标题"复选框，单击"确定"按钮进行添加章节。

◎ **添加并修改文本**

单击"为当前菜单添加更多文本"按钮 ，预设文本框将自动添加到项目中，双击文本框，可以输入需要的信息。将鼠标放在文本框上，会出现浮动文本工具栏，如图 9-54 所示。在工具栏中可以修改字体类型、颜色、样式和方向。

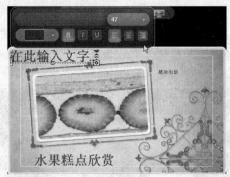

图 9-54

◎ **将菜单另存为样式**

单击"将菜单另存为样式"按钮 ，项目的当前样式会自动另存为菜单样式模板。当用户在"样式"选项卡的"收藏夹"类别中选择保存的菜单模板时，它可以被再次使用。

◎ **预览项目**

在刻录前预览整个项目，单击"在家庭播放器中预览光盘"按钮 ，使用回放控件即可预览项目，如图 9-55 所示。还可以单击"全屏幕"按钮 以全屏幕方式预览。

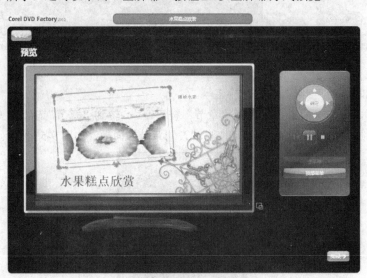

图 9-55

◎ **刻录项目**

将空白光盘放入到刻录机中，单击"刻录"按钮 刻录视频光盘，进程栏表示刻录进程的状态，进程完成时会有提示，光盘会自动从刻录机弹出。

2. 将视频嵌入网页

网页已经成了很多媒体资料的载体，会声会影允许用户直接将视频文件保存到网页中。

影片编辑完成后，单击步骤选项卡中的"分享"按钮 ，切换至分享面板。单击选项面板中的"创建视频文件"按钮 ，在弹出的列表中选择"WMV > Smartphone WMV（220×176，15s）"选项或单击"导出到移动设备"按钮 ，在弹出的列表中选择"WMV Smartphone WMV（220×176，15fps）"选项，如图 9-56、图 9-57 所示。

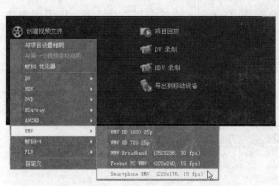

图 9-56　　　　　　　　　　　　　　　　　　　　　　　图 9-57

在弹出的"创建视频文件"对话框中指定名称和路径，单击"保存"按钮，程序开始自动将影片中的各个素材连接在一起进行渲染，并以指定的格式保存。

渲染完成后，选择"文件 > 导出 > 网页"命令，弹出提示对话框，如图 9-58 所示，单击"是"按钮，弹出"浏览"对话框，在该对话框中为网页指定文件名和保存路径，如图 9-59 所示。

单击"确定"按钮，程序自动将视频嵌入网页并启动默认的浏览器观看视频网页效果，如图 9-60 所示。

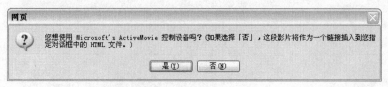

图 9-58

图 9-59　　　　　　　　　　　　　　　　　　　　　　　图 9-60

3. 用电子邮件发送影片

电子邮件以其方便快捷的优点开始渐渐取代传统的信件，而且电子邮件可以附件的形式发送多媒体文件，使我们的邮件图文声色并茂。

在会声会影中，可以将影片以电子邮件的形式发送。在将影片导出为电子邮件时，会声会影将自动打开默认的电子邮件客户程序，并将选定的素材作从附件插入到新邮件中。

在视频素材库中选择要发送的视频。单击步骤选项卡中的"分享"按钮 **3 分享**，切换至

中等职业教育数字艺术类规划教材

分享面板。选择"文件 > 导出 > 电子邮件"命令。

若以前的邮件程序中没有建立的账户，系统会弹出"Internet 连接向导"对话框，指引用户建立新的邮件账户，在"显示名"选项中输入姓名，单击"下一步"按钮，在"电子邮件地址"选项中输入电子邮件地址，单击"下一步"按钮。在"收件人"选项中填写对方的邮箱地址，在"主题"选项中填写对邮件的描述性文字，如图 9-61 所示。

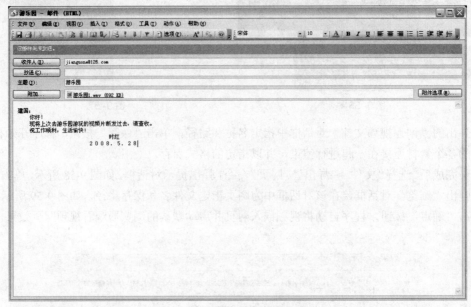

图 9-61

在邮件程序最下方的文本框中输入邮件的内容，如图 9-62 所示，单击工具栏上的"发送"按钮即可发送邮件。

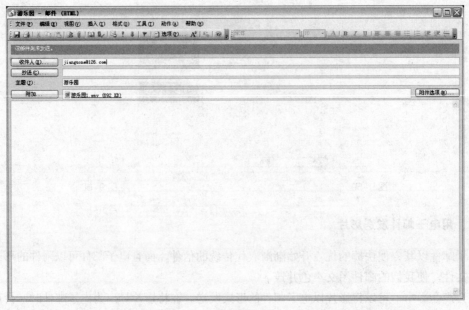

图 9-62

4. 将视频设置为桌面屏幕保护

将影片设置为 Windows 屏幕保护，制作个性化的电脑桌面效果。

影片制作完成后，单击步骤选项卡中的"分享"按钮 **3 分享**，切换至分享面板。单击选项面板中的"创建视频文件"按钮，在弹出的列表中选择"WMV > WMV HD 1080 25s"选项，如图 9-63 所示。

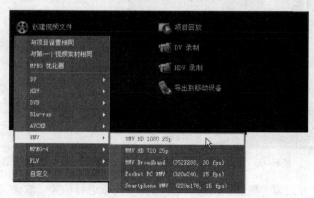

图 9-63

在弹出的"创建视频文件"对话框中指定视频文件的名称和路径，单击"保存"按钮，程序自动渲染文件。渲染完成后，选择"文件 > 导出 > 影片屏幕保护"命令，弹出"显示"对话框，如图 9-64 所示。

图 9-64

设置完成后，单击"确定"按钮，将影片应用为屏幕保护。计算机在超出所指定的"等待"时间后，如果没有任何操作，将启动屏幕保护。

5. 以实际大小回放项目

"以实际大小回放项目"的方式是在计算机屏幕上以全屏的方式对项目中的视频文件进行回放。

建立项目并添加视频，将项目保存为"以实际大小回放.VSP"，单击步骤选项卡中的"分享"按钮 **3 分享**，切换至分享面板。使用"修整标记"选择一个预览范围或者拖曳时间轴标尺上的当前位置标记，然后按<F3>和<F4>键来分别标记开始和结束点，如图 9-65 所示。

单击选项面板中的"项目回放"按钮 ，在弹出的"项目回放-选项"对话框中选择"预览范围"单选项，如图 9-66 所示，单击"完成"按钮。

图 9-65

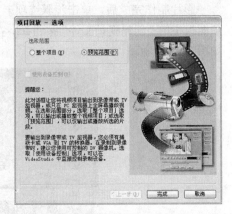

图 9-66

此处选择的回放方式为"高质量回放"，程序会对视频进行渲染，渲染完成后，编辑器以全屏的方式播放选择的片段，如图 9-67 所示。回放结束后，编辑器退出全屏模式，返回到分享步骤，如图 9-68 所示。

图 9-67

图 9-68

9.2.4【实战演练】——制作将影片设为屏幕保护

使用"插入视频"命令为"视频轨"插入素材。使用"创建视频文件"命令导入影片。使用"影片屏幕保护"命令将视频设置为屏幕保护。(最终效果参看光盘中的"Ch09 > 制作将影片设为屏幕保护 > 成长过程.wmv"，如图 9-69 所示。)

图 9-69

9.3 综合演练——制作单独输出项目中的视频

使用"插入视频"命令为"视频轨"插入素材。使用任务栏中的音量按钮和"录制画外音"按钮为影片录制声音。(最终效果参看光盘中的"Ch09 > 制作单独输出项目中的视频 > 制作单独输出项目中的视频.mpg",如图9-70所示。)

图9-70

9.4 综合演练——制作可用手机播放的影片

使用"插入视频"命令为"视频轨"插入素材。使用"创建视频文件"命令制作可用手机播放的影片。(最终效果参看光盘中的"Ch09 > 制作可用手机播放的影片 > 制作可用手机播放的影片.mp4",如图9-71所示。)

图9-71